全国高等农林院校"十三五"规划教材

SHOUYI BINGLIXUE SHIYAN ZHIDAO

兽医病理学实验指导

王凤龙　主编

中国农业出版社

北　京

编审人员

主　编　王凤龙（内蒙古农业大学）

副主编　贾　宁（甘肃农业大学）

　　　　么宏强（内蒙古农业大学）

参　编（以姓氏笔画为序）

　　　　丁玉林（内蒙古农业大学）

　　　　王金玲（内蒙古农业大学）

　　　　石火英（扬州大学）

　　　　刘永宏（内蒙古农业大学）

　　　　杨　磊（湖南农业大学）

　　　　贺文琦（吉林大学）

　　　　董俊斌（内蒙古农业大学）

主　审　郑明学（山西农业大学）

审　稿　宁章勇（华南农业大学）

前 言

兽医病理学实验是兽医病理学课程的重要组成部分，1993 年内蒙古农牧学院（现内蒙古农业大学）赵振华教授编写的《家畜病理学实验指导》由农业出版社出版以来，以后再未修订出版。《家畜病理学》教材相继修订出版了第三版（1999 年）、第四版（2007 年）、第五版（2016 年）和改版的《兽医病理学》（2019 年）。在国内农业院校的兽医病理学教学过程中，迫切需要一本与之配套的实验教材，为此，我们进行了修订更新，并更名《兽医病理学实验指导》出版。

本教材包括病理标本观察和动物疾病模型、病理学实验技术两部分，共 28 个实验，其中第一部分共 21 个实验、第二部分共 7 个实验。第一部分多数实验内容配黑白点线图、二维码（大体标本图和切片图），以帮助学生理解病理变化和绘制病理切片图。

本教材的参编单位有内蒙古农业大学、甘肃农业大学、吉林大学、扬州大学、湖南农业大学，由山西农业大学郑明学教授和华南农业大学宁章勇教授审稿。教材中的黑白点线图由内蒙古农业大学佟程浩老师绘制，尸体剖检内容引用了《家畜病理学》（第二版）（农业出版社出版）的部分插图，内蒙古农业大学的赵振华教授对本书的编写提出了许多宝贵建议，内蒙古农业大学教务处和兽医学院在本教材的编写过程中给予了多方面的支持，在此，一并表示诚挚的谢意。

本教材编写力求内容丰富、条理清楚、图文并茂、重点突出，尽可能将传统内容与新进展结合、理论与实践结合、形态与机能结合，以具有系统性、科学性、先进性和实用性，但由于编者水平有限，书中不足和错误在所难免，恳请广大师生和同行专家批评指正。

编 者

2022 年 2 月

目 录

第二部分　病理学实验技术

绪　　论

一、实验目的

兽医病理学是理论和实践并重的课程，兽医病理学实验是本课程的重要组成部分。本课程的实验目的：①通过对组织和器官大体病变与病理切片病变的观察以及进行机能和代谢病理过程动物模型实验，验证课堂讲授的理论知识，加深对课堂内容的理解和认识；②认识和掌握基本病变和多种疾病的特征性病变，结合理论知识综合分析代谢、机能和形态结构变化的相互关系，理解疾病的发生、发展过程，掌握观察病变和描述病变的方法；③初步掌握动物病理尸体剖检的基本知识和技术，以及病理切片制作的基本方法，基本能够结合病理变化做出病理学诊断。

二、实验内容和方法

（一）病理标本的观察

（1）大体标本的观察（以 10％福尔马林固定的标本为主，适当结合新鲜标本）：明确组织或器官的来源和名称，观察标本的大小、色彩、形状、质地等变化。通过与正常动物的组织或器官比较，判断其体积的大小、表面的光滑度、包膜的透明度、边缘的钝锐，以及切面平整度、光泽度、湿润度、色彩、致密或疏松、硬度等变化。注意是否存在病灶，病灶的位置、大小、数量、色彩、形状、光泽、与周围组织的关系等。

（2）病理切片的观察：先用肉眼观察切片的位置、大小、色彩和盖玻片的方位，将切片以盖玻片在上、标签在右侧放在显微镜载物台；在低倍镜（40 倍、100 倍）下浏览切片，辨别组织类型，初步确认病变的部位；高倍镜（400 倍）下详细观察病变，包括组织结构、细胞大小、细胞类型、渗出物性质等变化，判断病变性质，做出病理学诊断。

在观察病理标本时，除了使用本教材外，可同时结合《兽医病理学》（马学恩、王凤龙主编，中国农业出版社，2019）中的二维码彩色图片和《兽医病理学》数字资源（王凤龙主编，中国农业教育在线 www.ccapedu.com，2017）中的彩色图片。

（二）建立动物病理疾病模型

建立动物病理疾病模型，观察或检测组织和器官的代谢、机能和形态结构变化，结合理论知识综合分析疾病的发生发展过程，以及各组织和器官变化间的相互关系。

（三）病理学实验技术

病理学实验技术包括动物病理尸体剖检、病理切片制作、超薄切片制作、病理大体标本制作等技术，按照本教材中的具体内容操作。

三、实验报告

实验报告是学生对大体标本和病理组织切片病理变化观察、动物疾病实验模型代谢和功能变化检测、病理尸体剖检等的记录、描述和绘图，以及做出的分析和总结。

大体病变的记录要客观描述、全面系统、重点突出；病理切片观察通过绘图完成实验报告，图的上方或下方写出病理切片名称（图题）、编号，画图要有边框（方形或圆形），在图的一侧（一般在左侧画图，右侧注字）或底部注明图中的病变（图注），说明观察的内容。

动物疾病实验模型要求：详细记录实验过程中实验动物出现的症状、体征和病理变化，结合课堂的学习内容，分析其发生机理及对机体的影响。

动物尸体剖检记录按照要求填写病历号、基本信息、临床简历，记录病变要客观、翔实、全面、条理清晰、重点突出。

四、实验室规则

（1）按照座位号就座，未经老师允许不得调换。
（2）爱护仪器设备、教学标本、病理切片和实验室其他用具。
（3）听从老师指导，注意人员和实验室安全。
（4）保持实验室的整洁卫生，做好卫生值日。
（5）实验时仔细阅读实验指导，按照规程操作仪器设备，按时提交实验报告。
（6）遵守实验室各项规章制度。

（王凤龙）

1

第一部分

病理标本观察和动物
疾病模型

实验一

局部血液循环障碍

一、实验目的

通过标本观察，认识动脉性充血、静脉性充血、血栓形成、梗死、出血的病理变化，分析其发生原因和机理，以及对机体的影响。

二、实验内容

二维码 1-1
皮肤充血（猪）

二维码 1-2
脾充血（猪）

二维码 1-3
肠黏膜充血（猪）

1. 动脉性充血（arterial hyperemia）（充血）

病变要点：

（1）眼观病变：体积增大，色彩鲜红。

（2）镜检病变：小动脉和毛细血管扩张，充满红细胞。多伴有炎性病变，如浆液、纤维素、炎性细胞渗出。

大体标本：

（1）皮肤充血：标本取自亚急性猪丹毒患猪的皮肤。

观察：皮肤表面有大小不一的菱形或非正方形的红色和淡紫色疹块，向表面稍隆起，与周围健康组织有明显界限（二维码 1-1）。

该疹块是局部皮肤真皮内的小动脉发生炎症引起的炎性充血。

（2）脾充血：标本是猪丹毒病例的脾。

观察：脾高度肿大，边缘钝圆，质地柔软，呈暗紫色，切面隆起，被膜外翻，脾髓含血量增多，白髓和小梁形象不明显（二维码 1-2）。

这些变化主要由脾充血、出血、渗出和变质引起。

（3）固膜性肠炎及反应性充血：标本为猪瘟病例的一段肠管（原色固定）。

观察：肠黏膜面散在一些圆形或类圆形、大小不一的病灶。病灶一般深达黏膜下层，表面为黄白色的坏死组织和炎性渗出物，此即固膜性炎病灶。其周围肠黏膜有一红晕区域，其中有一些深红色针尖大的点状病灶，这是肠黏膜的反应性充血与出血变化（二维码 1-3）。

病理切片：

（1）子宫内膜炎性充血：该组织取自兔子宫内膜炎病例。

观察：子宫内膜部分上皮细胞变性、脱落或崩解（变质）。固有层内毛细血管数目增多、高度扩张，血管内充满大量红细胞（充血），有些红细胞漏出血管壁（出血），结缔组织疏松、肿胀，其中有多量伪嗜酸性粒细胞渗出（图1-1、二维码1-4）。

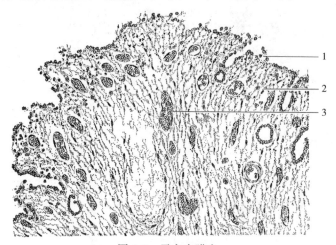

二维码 1-4
子宫内膜
充血
（兔，HE，
400×）

图 1-1　子宫内膜炎
1. 子宫内膜上皮细胞坏死、脱落　2. 固有层疏松水肿，炎性细胞和
红细胞渗出　3. 毛细血管扩张，管腔充满红细胞

（2）肺动脉性充血：肺组织取自牛传染性胸膜肺炎（牛肺疫）病例。

观察：肺泡壁毛细血管普遍扩张，充满红细胞（充血），多数肺泡腔内有大量粉红染丝网状纤维素性渗出物，少部分肺泡内以中性粒细胞渗出为主，其中混有数量不等的红细胞、脱落的肺泡壁上皮细胞（图1-2、二维码1-5）。

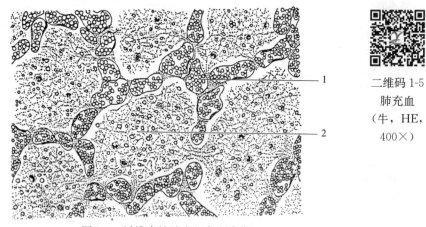

二维码 1-5
肺充血
（牛，HE，
400×）

图 1-2　纤维素性肺炎红色肝变期
1. 肺泡毛细血管扩张，管腔充满红细胞
2. 肺泡内纤维素、红细胞渗出

2. 静脉性充血（venous hyperemia）（淤血）

病变要点：

（1）眼观病变：体积增大，色彩暗红。淤血严重和持续时间长时，引起淤血性水肿、淤

血性出血（出血点或出血斑），甚至导致淤血性硬化。

（2）镜检病变：小静脉和毛细血管扩张，充满红细胞。多伴有液体、红细胞渗出，实质细胞空泡变性和脂肪变性。

二维码1-6
肺淤血（猪）

二维码1-7
肝慢性淤血
（马）

二维码1-8
脑膜血管
淤血（马）

二维码1-9
肠系膜淤血
（猪）

二维码1-10
肺淤血
（猪，HE，400×）

大体标本：

（1）肺淤血：标本取自猪肺组织。

观察：肺肿大，表面和切面暗红色，肺静脉与其分支充满暗红色血液（二维码1-6）。

肺淤血多见于左心功能不全，由肺静脉血液回流受阻所致。

（2）肝淤血：标本取自慢性马传染性贫血（马传贫）病例。

观察：肝表面和切面呈暗褐色和黄白色相间的纹理，形似槟榔的横断面，故称"槟榔肝"。其中暗褐色的区域是中央静脉及其附近窦状隙淤血明显的表现（肝小叶中心），黄白色的区域是淤血较轻并发生变性（主要是脂肪变性）的肝组织（肝小叶边缘）（二维码1-7）。

肝淤血多见于心功能不全，特别是右心功能不全。慢性马传贫时常有心功能不全而引起慢性肝淤血。

（3）脑膜淤血：标本取自马的脑和脑膜组织。

观察：脑膜小静脉普遍扩张，其中充盈着暗紫红色的血液，呈现脑膜淤血现象（二维码1-8）。

脑膜淤血可因心力衰竭或脑局部血液循环障碍而引起，可使脑组织缺氧、水肿而致严重后果。

（4）肠系膜淤血：标本取自猪小肠系膜和空肠组织。

观察：肠系膜静脉和肠壁小静脉普遍扩张，其中充盈着暗紫色血液，肠组织暗红色。在淤血的血管附近散在一些针尖大到小米大的紫红色点状病灶，即出血点（淤点）（二维码1-9）。

在消化道疾患如肠变位时，由于肠系膜静脉血液回流受阻，通透性增高而发生渗出性出血（淤血性出血）。

病理切片：

（1）肺淤血：标本取自猪肺。

观察：镜检见肺组织内小静脉及肺泡壁毛细血管高度扩张，其中充满大量红细胞，肺泡腔内有浆液及数量不等的红细胞，此外，还有少量脱落的肺泡壁上皮细胞（图1-3、二维码1-10）。

淤血时间较久时，肺泡内渗出的红细胞被巨噬细胞吞噬，红细胞被溶解后，释放出的血红蛋白转变为含铁血黄素，在肺泡内出现含铁血黄素的巨噬细胞，即心力衰竭细胞。

（2）肝淤血：标本取自一例因心力衰竭而死亡猪的肝。

观察：眼观心室扩张，肝肿大呈暗红色，切面有紫红色血液流出。镜检见肝组织血量增多，中央静脉、窦状隙、叶下静脉明显扩张，管腔充满大量红细胞，在中央静脉及其周围的窦状隙红细胞最为明显，相应的肝索变细、肝细胞萎缩，肝小叶边缘处的肝细胞出现变性（脂肪变性、空泡变性和颗粒变性）（图1-4、二维码1-11）。

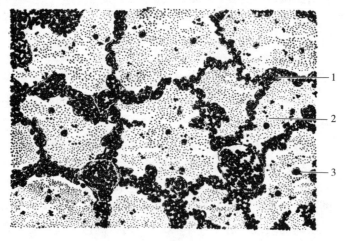

二维码 1-11
肝淤血
（猪，HE，
200×）

图 1-3　猪肺水肿
1. 肺泡壁毛细血管扩张、充满红细胞　2. 肺泡腔内有液体和少量红细
胞渗出　3. 肺泡腔内吞噬红细胞的巨噬细胞（心力衰竭细胞）

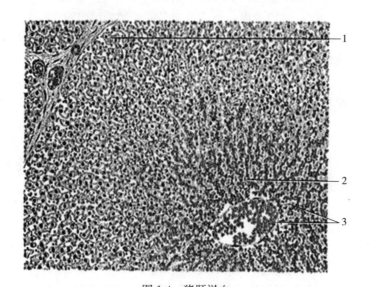

图 1-4　猪肝淤血
1. 肝细胞胞质出现圆形空泡（脂肪变性）　2. 肝细胞受压迫萎缩
3. 中央静脉和窦状隙扩张，充满红细胞（淤血）

　　慢性肝淤血往往在肝小叶的中央部分最明显，因窦状隙淤血扩张对肝索的压迫而使肝索萎缩；淤血较久时，由于缺氧可使肝细胞发生变性（脂肪变性），变性与肝淤血同时存在则呈现眼观的"槟榔肝"形象。

　　3. 血栓形成（thrombosis）
　　病变要点：
　　（1）眼观病变：血栓形成于心、静脉、动脉，其色彩呈暗红、灰白或暗红与灰白相间，并与心血管壁紧密联系，表面干燥无光泽，质地较硬。
　　（2）镜检病变：混合血栓由血小板梁与纤维蛋白网络的红细胞和白细胞形成板层结构，

白色血栓主要由血小板组成，红色血栓主要由纤维蛋白网络的红细胞组成，微血栓主要由纤维蛋白或血小板组成。血栓可由肉芽组织机化与血管壁紧密相连。

大体标本：

二维码 1-12
心瓣膜血栓
（猪）

（1）心瓣膜血栓：标本取自慢性猪丹毒病例。

观察：纵切左心，见在二尖瓣的心房面出现黄白色菜花样的赘生物，此即心瓣膜炎时在内膜损伤的基础上形成的血栓，其表面隆起、凸凹不平，呈菜花样，底部由肉芽组织机化与瓣膜紧密连接，二尖瓣增厚（图 1-5）。这样的心内膜炎常见于慢性猪丹毒，其发生部位多在二尖瓣的血流面（心房面），其发生与变态反应有关（二维码 1-12）。

二维码 1-13
颈静脉血栓
（马）

（2）动脉或静脉血栓：标本取自马颈静脉。

观察：在马颈静脉的内膜上，附有一个长柱形的血栓，其表面干燥无光泽，质地较坚实，且不易完全剥离。血栓可分为头、体、尾 3 部分，从纵切面看，血栓头部为灰白色（白色血栓），与血管壁紧密相连，该处血管壁明显增厚；血栓尾部为暗红色（红色血栓），呈游离状；在头部和尾部之间为血栓的体部，呈红白相间的层状结构（混合血栓）（图 1-6）。

该马由于静脉注射不当，药物漏出血管，引起颈静脉周围炎、静脉炎而使内膜损伤，在此基础上血栓形成（二维码 1-13）。

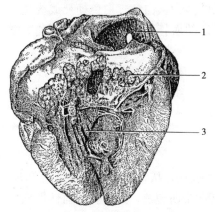

图 1-5　猪丹毒心瓣膜炎的血栓形成
1. 左心房　2. 二尖瓣心房面的菜花样
赘生物，即血栓形成　3. 左心室

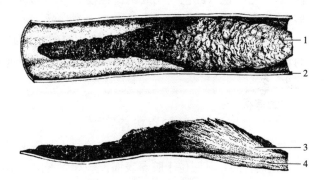

图 1-6　马颈静脉血栓形成
1. 血栓表面　2. 正常的血管壁　3. 血栓纵切面
4. 血栓起始部血管壁增厚

病理切片：

小静脉血栓形成：标本取自牛肠系膜静脉。

观察：牛肠系膜静脉及其内血栓的横切面，血栓大部分区域是由血小板梁（粉红）和纤维蛋白网络数量不等的红细胞与白细胞（红色）组成的层状结构。血栓一侧与血管壁直接连接，并从血管壁的损伤处长出肉芽组织（主要由新生的毛细血管和成纤维细胞构成），向血栓中生长，使血栓的一部分被肉芽组织取代而发生机化，相应部分的血管壁增厚（图 1-7、二维码 1-14）。

二维码 1-14
血栓（牛，
HE，40×）

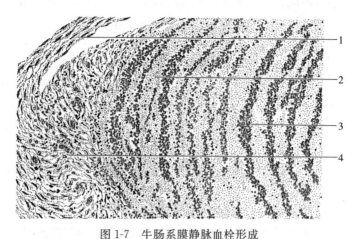

图 1-7　牛肠系膜静脉血栓形成
1. 血管壁　2. 血小板构成的血小板梁　3. 血小板梁之间的纤维
蛋白网络的红细胞　4. 由血管壁长出的肉芽组织机化血栓

4. 梗死（infarct）

病变要点：

（1）眼观病变：梗死发生在实质器官（肾、肝、心肌、脾等），呈凝固状态，梗死灶表面灰白色、圆形或类圆形（如肾梗死）或不规则形（心肌梗死），切面多呈三角形或扇形等，其尖指向器官门部；中枢神经组织梗死呈液化状态。梗死灶多为灰白色（白色梗死或贫血性梗死）、暗红色（红色梗死或出血性梗死），其大小与被阻塞的血管大小一致。在梗死灶周围多有出血性炎性反应带。

（2）镜检病变：凝固性梗死的病灶组织轮廓基本存在，但细胞细微结构消失，其周围的炎性反应带将其与正常组织隔开；液化性梗死的病灶组织细胞溶解，原有组织结构消失。

大体标本：

（1）肾梗死：标本取自猪肾。

观察：眼观肾表面可见蚕豆大或黄豆大稍隆起的黄白色病灶，从切面看病灶略呈三角形，其尖指向肾门，其底位于脏器表面。病灶周围由一暗红色弯曲带所包裹，此即肾贫血性梗死灶及周围的炎性反应带（图 1-8、二维码 1-15）。

二维码 1-15
肾梗死

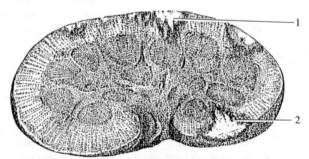

图 1-8　猪肾梗死
1. 肾切面形成大小不等的灰白色梗死灶　2. 梗死灶周围有暗红色出血性炎性反应带

（2）心肌梗死：标本为梗死心肌。

观察：从心外膜和心肌断面上可见数处指头大到核桃大非正方形的黄色梗死灶，周围可见暗褐色的反应性炎。心肌梗死主要由冠状动脉的分支形成栓塞，导致所灌溉的区域缺血而致（二维码 1-16）。

二维码 1-16
心肌梗死

（3）脾梗死：标本取自猪瘟病例脾。

观察：脾边缘有高粱米大、豌豆大，楔形或类圆形的暗红色病灶，有时数个病灶互相连接呈条索状，此即脾出血性梗死的形象。脾有丰富的血管，含血量多，当发生梗死时，梗死区内通常都存留大量血液，眼观呈暗红色，故又称为红色梗死。猪瘟病例脾常见出血性梗死灶，脾肿大不明显（图 1-9、二维码 1-17）。

二维码 1-17
猪瘟脾边缘出
血性梗死灶
（猪）

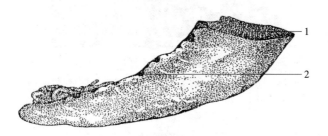

图 1-9　猪瘟脾出血性梗死灶
1. 脾切面　2. 边缘暗红色出血性梗死灶

病理切片：

（1）肾白色（贫血性）梗死：标本取自猪肾。

观察：低倍镜下见一色彩偏淡、周围有染色较深的条带围绕的区域，即梗死区。梗死区肾组织的轮廓尚存，但其微细结构模糊，染色普遍变淡，肾小管和肾小球的细胞成分呈现凝固性坏死，胞核消失，梗死灶内不见血液，但其周围充血、出血、白细胞浸润，构成炎性反应带（图 1-10、二维码 1-18）。

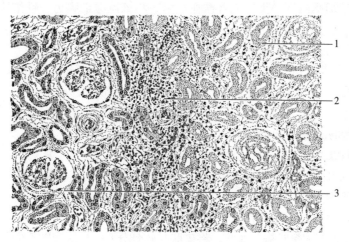

二维码 1-18
肾梗死
（HE，400×）

图 1-10　肾白色梗死
1. 梗死区染色变淡，可见肾组织轮廓，肾小管上皮细胞核消失
2. 梗死区与非梗死区的炎性反应带，白细胞和红细胞渗出
3. 非梗死区肾组织形象

（2）肺红色（出血性）梗死：标本取自羊肺。

观察：眼观肺组织梗死区呈暗红色，质地变实。梗死部肺组织的轮廓尚可辨认，但固有的细胞成分已坏死，微细结构消失，同时存在明显的弥漫性出血，梗死区周围有炎性反应带(图 1-11)。

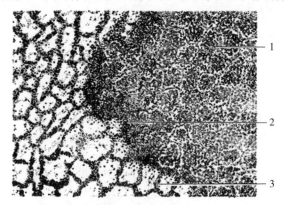

图 1-11　肺出血性梗死
1. 梗死区肺泡轮廓尚存，但细胞细微结构消失，其中有大量红细胞
2. 梗死区与非梗死区间的炎性反应带，见炎性细胞和红细胞渗出
3. 非梗死区淤血

肺具有肺动脉和支气管动脉双重供血，血管吻合支丰富，不易发生梗死，但在肺淤血的基础上肺组织的动脉或其分支阻塞时，可发生梗死，由于局部常伴有明显的出血，故通常为出血性梗死（红色梗死）。

5. 出血（hemorrhage）

病变要点：

（1）眼观病变：发生在皮下和组织间隙破裂性的出血可形成血肿，在皮肤、黏膜、组织器官表面的渗出性出血多形成出血点、出血斑或呈弥漫性出血。

（2）镜检病变：红细胞出现在血管外，渗出的红细胞可被巨噬细胞吞噬，即呈吞红现象，红细胞在巨噬细胞内进一步形成含铁血黄素，称该巨噬细胞为吞铁细胞。

大体标本：

（1）肝破裂性出血：标本取自鸡的肝。

观察：肝表面有暗红色血凝块覆盖，将血凝块剥离，见肝组织肿大、暗红色，表面有几处大小不等的破裂口。本例鸡肝组织出血属于破裂性出血，是通过翼静脉注入气体，在右心室形成气体性栓塞，引起肝组织淤血并导致肝破裂而引起的出血(二维码 1-19)。

二维码 1-19
肝破裂性出血
（鸡）

（2）脑破裂性出血：标本为马的脑。

观察：大脑前叶表面有暗红色血凝块，其周围脑组织发生萎缩。本例因马脑小血管破裂引起脑出血。

（3）耳破裂性出血：标本取自猪耳。

观察：耳皮下蓄积大量暗褐色血液，将皮肤与软骨分开，形成卵圆形向表面隆起的大血肿。此种出血属于破裂性出血，一般由机械性因素而引起(图 1-12、二维码 1-20)。

二维码 1-20
耳翼破裂性
出血（猪）

（4）心外膜渗出性出血：标本取自牛出血性败血症病例心。

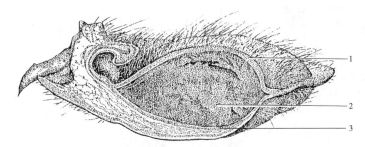

图 1-12　猪耳出血

1. 皮肤　2. 血液肿块　3. 软骨

二维码 1-21
心外膜出
血点（牛）

观察：心外膜冠状沟、纵沟脂肪组织和心外膜出现大小不等、暗红色点状或斑状病灶，点状病灶为出血点（淤点），斑状病灶为出血斑（淤斑）。由于巴氏杆菌感染引起毛细血管损伤，红细胞渗出造成出血（二维码 1-21）。

（5）肾渗出性出血：标本取自猪瘟病例肾。

观察：肾表面和切面有许多大小不等的暗褐小点散在，此乃猪瘟时在肾的出血点（淤点）。此种出血属于渗出性出血，是由毛细血管通透性升高而引起（图 1-13、二维码 1-22）。

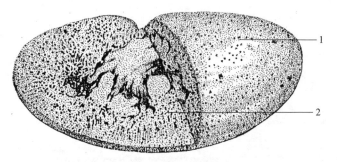

二维码 1-22
肾出血点
（猪）

图 1-13　猪瘟肾出血点

1. 肾表面分布较多出血点　2. 肾切面出血点

（6）淋巴结渗出性出血：标本取自猪瘟病例淋巴结。

观察：淋巴结肿大、表面暗红色，切面呈暗红色和灰白色相间的纹理，呈大理石样。此乃猪瘟时在淋巴结的出血，严重时切面暗红色，淋巴结呈血肿样。这是血管通透性升高引起的出血，属于渗出性出血（图 1-14、二维码 1-23）。

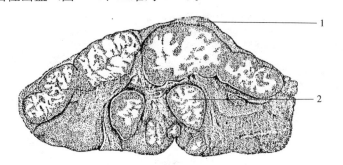

二维码 1-23
出血性淋巴
结炎（猪）

图 1-14　猪瘟淋巴结出血

1. 淋巴结表面暗红色　2. 淋巴结切面暗红色和灰白色相间，呈大理石样

三、作业

（1）描述大体标本的病理变化。

（2）绘制镜检切片的病理变化图，并注明病变位置和简要描述病变特征。

（王凤龙）

实验二

弥散性血管内凝血

一、实验目的

弥散性血管内凝血（disseminated intravascular coagulation，DIC）是机体在多种致病因素作用下发生损伤的一种危重的病理过程。当促凝血物质大量出现在循环血液中，会迅速引发 DIC。本实验通过给家兔静脉注射促凝血物质，建立家兔实验性 DIC 模型，观察家兔肠系膜微循环内血流状况的改变和测定血液学指标，联系理论知识分析 DIC 的发生发展过程，以加深对 DIC 发病机理的理解。

二、实验内容

（一）实验动物

健康家兔 1 只（体重 2.5～3 kg）。

（二）器材

微循环观察装置（附显微镜及电脑），电子秤，离心机，手术台，手术灯，剪毛器，普通镊，手术刀，手术剪，圆头组织剪，止血钳，牙科镊，眼科剪，结扎线，纱布，水浴锅，医用胶布，乙醇棉球，动脉插管，10 mL、5 mL 离心管，10 mL 注射器及针头等。

（三）试剂

3％戊巴比妥钠溶液，3.8％枸橼酸钠溶液，生理盐水（0.9％氯化钠注射液），2％兔脑浸出液等。

（四）操作与观察

（1）取健康成年家兔 1 只，称体重后，按照每千克体重 1 mL 的量，由耳缘静脉注射3％戊巴比妥钠溶液进行全身麻醉。

（2）待兔麻醉后，将其放在手术台上仰卧保定，剪去颈部及腹部手术部位的被毛，在甲状软骨下方沿颈部正中线切开皮肤约 5 cm 长，钝性分离皮下组织，暴露气管后往外侧拉开切口边缘的皮肤及下方的肌肉组织，找到一侧颈动脉，插入动脉插管以备放血。

（3）第一次采集血液样本：预先向 10 mL 离心管中注入 0.5 mL 3.8％枸橼酸钠溶液，打开血管夹，从颈动脉插管放血 4.5 mL，立即反复颠倒混匀制备抗凝血（切忌振荡混匀），待离心。向动脉插管中注入少量生理盐水，关好血管夹。

（4）于剑突下 6 cm 处，沿腹正中线切开皮肤长 5～7 cm，在腹白线两侧对称部位将组织轻轻抬起，切开腹白线一小口（注意防止损伤肠管），用止血钳夹住切口处腹壁，并将其提起，将圆头组织剪伸入腹腔，沿腹白线剪开腹膜，同时注意止血，用 2 把止血钳将腹壁对合夹住，防止肠管外溢。

（5）将家兔左侧卧固定，打开夹腹壁的 2 把止血钳，打开腹壁切口，轻轻拉出一段小肠系膜，并将肠系膜均匀平铺在微循环观察仪的观察环上，肠系膜上覆盖一些含有 37 ℃生理盐水的纱布，防止干燥。之后将显微镜调节好，连接好电脑显示器，观察正常状态下的肠系膜微循环状况。第一次观察完后，再用止血钳夹住腹壁切口，以防肠管外溢。

（6）建立 DIC 模型：抽取 2％兔脑浸出液 10 mL 于注射器中，经耳缘静脉缓慢注入血管，注入速度一般为 2 mL/min 以下。同时密切观察家兔反应，如出现呼吸急促，躁动不安，当即停止注射，并迅速进行第二次采血。若注射完 10 mL 后家兔未挣扎，则在注射后计时 2 min 后进行第二次采血。采血方法与第一次采血（步骤 3）相同。

（7）观察肠系膜微循环在发生 DIC 后的变化，看微循环内是否出现广泛性微血栓。观察方法与第一次观察（步骤 5）相同。

（8）将前后 2 次采血所得的抗凝血，经 3 000 r/min 离心 5 min，将上清液分别吸至 2 支 5 mL 的清洁离心管中，切忌吸入细胞成分，将分离的血浆做好标记备用。

（9）将 2 份通过离心分离的血浆，分别通过玻片法测定凝血酶原时间（PT），通过饱和盐水法测定纤维蛋白原含量（FIB），并记录实验数据。

（五）结果分析

（1）仔细观察肠系膜微循环在 DIC 发生前后的变化，并做好详细描述。

（2）将各项测量指标记录在表 2-1 内。

表 2-1　凝血酶原时间（PT）和纤维蛋白原含量（FIB）测量记录表

组别	凝血酶原时间（PT）	纤维蛋白原含量（FIB）
正常组		
DIC 组		

三、作业

（1）详细记录给家兔静脉输入兔脑浸出液后，肠系膜微循环内血流发生的变化。

（2）结合实验结果，分析 DIC 的发生原因和机理。

（么宏强）

实验三

微循环障碍（休克）

一、实验目的

复制家兔失血性休克（shock），观察失血性休克时动物的表现及微循环变化。通过观察失血性休克的发生、演变过程，加深对失血性休克的病理生理学的理解。参与抢救过程，加深对失血性休克的临床症状及药物治疗过程的印象。

二、实验内容

兔失血性休克。

（一）实验动物

家兔1只。

（二）器材

一般手术器械，有机玻璃兔台，微循环观察装置（附显微镜），血压描记装置，手术台，输液装置，三通管，100 mL量筒（装血用），2 mL、5 mL、20 mL、50 mL注射器，动脉插管，体温计，脱脂棉，塑料薄膜，手术灯或台灯，台秤，恒温水浴锅等。

（三）试剂

生理盐水，高分子右旋糖酐溶液或6%高分子果胶溶液，20%乌拉坦溶液，1%肝素钠溶液，肠系膜灌流液等。

（四）操作与观察

（1）取成年家兔1只，称体重后，按照每千克体重6 mL的量，由耳缘静脉注射20%乌拉坦溶液。

（2）待兔麻醉后，将其放在手术台上仰卧固定，剪去颈部及腹部术野的被毛，在甲状软骨下方沿颈部正中线切开皮肤约5 cm长，分离左侧颈总动脉，插入动脉插管记录血压。

（3）于剑突下 6 cm 处，沿腹正中线切开皮肤 5～7 cm 长，在腹白线两侧对称部位将组织轻轻抬起，切开腹白线一小口（防止损伤肠管），用止血钳夹住切口处腹壁，并将其提起，将圆头组织剪伸入腹腔，沿腹白线剪开腹膜，同时注意止血和用 2 把止血钳将腹壁对合夹住，防止肠管外溢。

（4）在股内侧剪毛消毒，于腹股沟下方摸到跳动的股动脉后，顺股动脉方向切开皮肤，分离股动脉并穿线两根，结扎股动脉远心端，近心端用动脉夹夹住，靠远心端结扎线处剪断股动脉口径的 1/2～1/3，将接有 50 mL 注射器的细塑料管（内充满肝素溶液）插入股动脉并做结扎，以备放血用。再从耳缘静脉注入 1％肝素溶液（每千克体重 0.2～0.3 mL），使动物肝素化。

（5）将动物轻轻移到有机玻璃兔台上，左侧卧位固定。

（6）打开夹腹壁的两把止血钳，打开腹壁切口，轻轻拉出一段小肠系膜。并将其放在装有 37 ℃生理盐水的恒温水浴灌流盒中，使肠系膜均匀平铺在有机玻璃凸形观察环上，肠系膜上覆盖一些棉花，防止肠蠕动，调整灌流液的液面，使液面刚刚覆盖过肠系膜，或将塑料薄膜平整地覆盖于表面（要求肠系膜与薄膜间无气泡）。用止血钳夹住腹壁切口，以防肠管外溢。在兔台对侧，将手术灯或台灯光源对准显微镜聚光镜，调节光圈，使透射光聚焦在观察点上。

（7）观察记录放血前动物各项生理指标（皮肤黏膜颜色、肛温、血压、呼吸和心率），在显微镜下直接观察肠系膜微循环状况并记录。

①选取一根微动脉与微静脉（从血流方向、速度加以区分），观察二者口径大小和相应区域内的毛细血管开放数目及血流速度，血流速度可用线状流（最快）、线流（快）、粒缓流（慢）、粒摆流及血流停滞来记述。这一区域选一根血管做标记，保证移动观察时，仍可找到。

②注意有无红细胞聚集现象，如有 3～5 个红细胞连成串的为轻度聚集，呈现絮状的为重度聚集。

（8）打开股动脉夹，使血液流入充有一定量肝素的 50 mL 注射器内（第 1 次放血），使血压降到 30～40 mmHg（非法定计量单位，1 mmHg＝0.133 kPa），观察记录各项生理指标和肠系膜微循环的变化（记述方法同步骤 7）。如血压有所恢复或微循环的变化不很明显时，可进行第 2 次放血，使血压保持在 30～40 mmHg 水平。注意观察毛细血管内红细胞是否消失，仅见血浆流动（血浆流）；血流缓慢时，在小静脉壁是否可见白细胞流动和附着（白细胞附壁）以及毛细血管周围的出血等。

（9）将放出的血液倒入输液装置中，从耳缘静脉迅速输回原血进行抢救，输血后再复查以上各项指标及微循环是否恢复正常。

（10）待动物有所恢复，第 3 次放血使血压下降到 30～40 mmHg 水平，接着由耳缘静脉缓慢注入 6％高分子果胶（或高分子右旋糖酐溶液）15mL，然后再持续观察微循环和血压的变化。

（五）结果分析

将上述各项指标变化填入表 3-1。

表 3-1 兔失血性休克观察记录表

动物＿＿ 性别＿＿ 体重＿＿ kg 放血量：第 1 次＿＿ mL，第 2 次＿＿ mL，第 3 次＿＿ mL

实验措施	血压/mmHg	呼吸/(次/min)	心率/(次/min)	肛温/℃	黏膜色彩	失血性休克发展过程中肠系膜微循环变化
放血前						
第一次放血						
第二次放血						
输血后						
第三次放血及输果胶溶液后						

三、作业

（1）详细记录给家兔三次放血及输血和输果胶溶液后，各项体征和微循环内血流发生的变化。

（2）结合实验结果，分析失血性休克的发生发展过程和机理。

（么宏强）

实验四

细胞和组织的损伤

一、实验目的

认识细胞和组织损伤常见几种形式（萎缩、变性和坏死）的形态变化特征，分析其发生原因和对机体的影响。

二、实验内容

（一）萎缩（atrophy）

1. 全身性萎缩

病变要点：

（1）眼观病变：全身性萎缩时，各组织器官发生不同程度的萎缩，其中脂肪组织萎缩最明显，肝、肾、淋巴组织、消化道、骨骼肌等组织萎缩也较明显。萎缩的组织器官体积缩小，有的色彩呈棕褐色，即呈褐色萎缩。

（2）镜检病变：萎缩的组织细胞体积变小、数量减少，有的胞质内出现棕黄色颗粒，即脂褐素。

大体标本：

（1）脂肪萎缩：标本为骆驼心。

观察：外观冠状沟脂肪消失，局部呈灰白色胶冻样。这种变化是随着脂肪的耗损而出现大量浆液浸润的缘故。在全身性萎缩过程中，脂肪是消耗最早、最明显的组织（二维码 4-1）。

（2）肝萎缩：标本为骆驼肝。

观察：外观肝体积缩小变薄，边缘锐利，切面平整，色彩变深呈棕褐色，即肝萎缩的褐色萎缩。褐色萎缩的肝在镜下可见肝小叶体积缩小，肝细胞胞质内出现多量棕褐色的色素颗粒（二维码 4-2）。

（3）肠萎缩：标本为骆驼肠道。

观察：外观肠壁显著变薄，呈半透明状（二维码 4-3）。

（4）脾萎缩：标本为骆驼脾。

观察：外观脾体积缩小，变薄，色彩灰白，被膜变厚且有皱褶，脾

二维码 4-1
心冠状沟和纵沟脂肪萎缩
（骆驼）

二维码 4-2
肝褐色萎缩
（骆驼）

二维码 4-3
肠壁萎缩（骆驼）

二维码 4-4
脾萎缩
（骆驼）

头部切面上见脾髓显著减少，脾小梁相对增多（二维码 4-4）。

（5）淋巴结萎缩：标本为羊淋巴结。

观察：外观淋巴结体积缩小，色彩灰白，切面较湿润、皮质变薄。

病理切片：

（1）肝萎缩：标本为骆驼肝。

说明：标本取自患衰竭症的骆驼，眼观肝体积缩小，色彩变深。

观察：肝小叶变小变扁平，肝细胞数量减少、体积缩小，在其胞质内有许多棕褐色颗粒状的脂褐素沉积（图 4-1、二维码 4-5）。

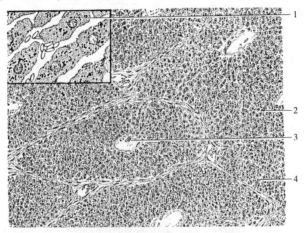

二维码 4-5
肝褐色萎缩
（骆驼，HE，
400×）

图 4-1　骆驼肝萎缩
1. 肝细胞胞质内的脂褐素颗粒　2. 肝小叶变小、扁平
3. 中央静脉内脱落的肝细胞　4. 肝细胞萎缩

（2）淋巴结萎缩：标本为骆驼淋巴结。

观察：淋巴结中的淋巴小结数量明显减少，残留的淋巴小结体积缩小，失去鲜明的生发中心，淋巴细胞稀少，部分淋巴细胞的核浓缩或溶解，网状纤维呈区域性显现，在 HE 染色切片中成为一种均质红染半透明的带状或网状物，此即在淋巴结萎缩过程中所出现的网状纤维的透明变性（图 4-2）。

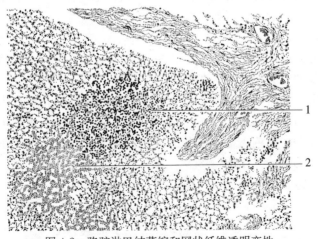

图 4-2　骆驼淋巴结萎缩和网状纤维透明变性
1. 淋巴小结缩小，淋巴细胞减少，生发中心消失　2. 网状纤维透明变性

2. 局部性萎缩

病变要点：

（1）眼观病变：局部性萎缩发生在组织器官局部，萎缩部位体积缩小，由压迫引起的萎缩在局部出现压痕。

（2）镜检病变：同全身性萎缩。

大体标本：

（1）神经性萎缩：标本取自鸡马立克病病例。

观察：标本展示出一只马立克病病鸡尸体的后躯，对比观察，可见右侧腰荐神经丛和坐骨神经不均匀地增粗，而该肢肌肉的体积明显缩小（图4-3、二维码4-6）。这是由于患马立克病时外周神经受侵，神经功能障碍，因而受其支配的肌肉发生萎缩，即神经性萎缩。

二维码 4-6
腿部肌肉神
经性萎缩（鸡）

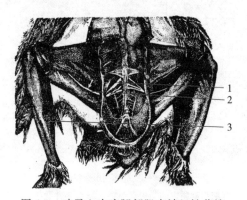

图 4-3　鸡马立克病腿部肌肉神经性萎缩
1. 腰荐神经因肿瘤细胞浸润增粗　2. 坐骨神经增粗
3. 腿部肌肉萎缩变细

（2）压迫性萎缩：标本取自羊脑包虫病例。

观察：标本为一羊脑，在大脑左半球可见枣大和蚕豆大的空洞各一个，此即脑包虫寄生部位，该部脑组织已完全消失，邻近的脑组织也因受压迫而萎缩。在萎缩部位还见有脑包虫的包囊悬浮在固定液中（二维码4-7）。

二维码 4-7
脑组织压迫
性萎缩（羊）

病理切片：

标本为驴骨骼肌失用性萎缩病例。患驴左膝关节不能负重而长期跛行，相应部位的骨骼肌发生不同程度的萎缩。

观察：见肌束中肌纤维数量减少，体积缩小变细，排列疏松，此即骨骼肌萎缩的形象。同时见间质水肿、增宽，结缔组织纤维细胞由梭形变为星形，其间出现 HE 染色为蓝染丝状的类黏液物质，此为结缔组织黏液样变性的表现（图4-4、二维码4-8）。

失用性萎缩是在局部活动减弱、功能障碍、血液供应不足的情况下发生的。

二维码 4-8
骨骼肌失用性
萎缩（驴，
HE，200×）

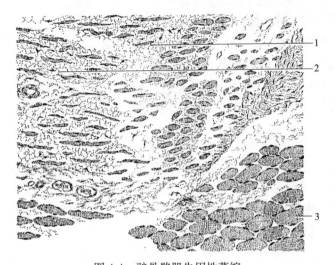

图 4-4　驴骨骼肌失用性萎缩

1. 肌纤维变细变小　2. 间质增宽，疏松，发生黏液样变性　3. 相对正常的肌纤维

（二）变性（degeneration）

1. 颗粒变性与空泡变性

病变要点：

（1）眼观病变：组织或器官体积变大、色彩变淡、结构混浊，被覆上皮可形成空泡。

（2）镜检病变：细胞肿大，胞质内出现细小颗粒和大小不等的空泡。

病理切片：

（1）心肌颗粒变性与空泡变性：标本取自兔伪狂犬病病例心肌。

观察：眼观心扩张，质地变软，全身淤血。心肌纵断面部分肌纤维肿胀、染色变浅、横纹消失，在肌原纤维之间和胞核附近的肌质中见有细小的红色颗粒，此即心肌纤维的颗粒变性。有些肌纤维的胞核周围出现不规则的空隙或空泡，即为心肌纤维的空泡变性（图 4-5、二维码 4-9）。这些颗粒主要是肿胀的线粒体，颗粒变性进一步发展为空泡变性，电镜观察时，除见线粒体肿胀外，内质网也高度肿胀、断裂和形成囊泡。

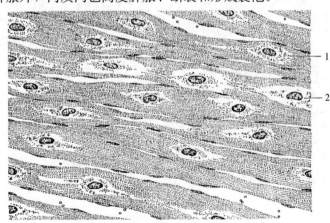

二维码 4-9
心肌颗粒
变性（兔，
HE，400×）

图 4-5　兔心肌纤维颗粒变性和空泡变性

1. 肌质内出现细小颗粒　2. 细胞核周围空隙

（2）肝颗粒变性与空泡变性：标本取自非洲猪瘟病例肝。

观察：眼观肝肿胀，色彩变淡，切面隆起。肝细胞普遍肿大，染色变淡，胞质内出现细小红染的颗粒和大小不等的空泡，即为肝细胞的颗粒变性和空泡变性；窦状隙变狭窄或闭塞，其中缺乏红细胞或只见少量红细胞；间质内有少量淋巴细胞、巨噬细胞渗出和增生（二维码4-10）。

2. 脂肪变性

病变要点：

（1）眼观病变：组织器官体积变大，色彩偏黄，质地变脆，有油腻感。

（2）镜检病变：细胞肿胀，胞质内出现大小不等、轮廓鲜明的空泡，严重时细胞核被脂滴挤压到一侧。

大体标本：

（1）肝脂肪变性：标本为牛肝。

观察：外观肝色彩变淡呈黄白色，显著肿胀，边缘钝圆，被膜紧张，切面隆起，切面上的小血管牵张性内陷（说明肝实质肿胀）（二维码4-11）。

（2）肾脂肪变性：标本为牛肾。

观察：外观肾体积显著增大，肾各叶均向表面隆起呈肿胀状态，因而紧密地挤在一起，肾表面色彩灰黄，有时还可见因淤血而形成的暗褐色纹理（二维码4-12）。

病理切片：

肝脂肪变性：标本为水貂伪狂犬病病例肝。

镜检：眼观肝体积变大，质地软而脆，色彩淡黄。肝细胞肿大，染色变浅，在胞质内散在大小不等、边缘整齐、轮廓鲜明的圆形空泡，大空泡可把胞核挤压到细胞的一侧，此即肝细胞的脂肪变性（图4-6、二维码4-13）。脂肪变性是在病原感染、中毒和缺氧等情况下出现的急性变性，有时可与颗粒变性和空泡变性同时存在。

二维码4-10
肝细胞空泡变性（猪，HE，400×）

二维码4-11
肝脂肪变性（牛）

二维码4-12
肾脂肪变性（牛）

二维码4-13
肝脂肪变性（水貂，HE，400×）

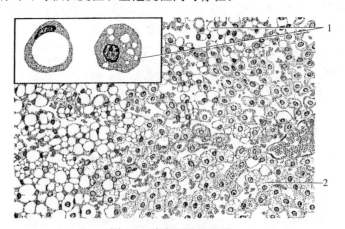

图4-6 水貂肝脂肪变性
1. 肝细胞胞质内出现大小不等的圆形空泡（脂滴）
2. 部分肝细胞空泡变性

3. 透明变性

病变要点：

（1）眼观病变：变化不明显。

（2）镜检病变：某些组织间质或细胞内出现均质红染、无结构、半透明状的物质。胶原纤维的透明变性主要是胶原纤维互相融合和糖蛋白积聚的物质，细胞内的透明变性常见于浆细胞和肾小管上皮细胞内透明滴状蛋白质。

二维码 4-14
淋巴结网状纤
维透明变性
（骆驼，HE，
400×）

病理切片：

（1）网状和胶原纤维透明变性：标本取自患严重蠕虫病的骆驼。

观察：眼观淋巴结呈灰白色，体积稍缩小，切面较湿润。在淋巴结中，可见淋巴组织高度萎缩和水肿，淋巴小结和淋巴细胞的数量都大为减少。网状纤维互相融合或一些蛋白性物质的不断沉积，使其在某些部位已失去纤维状结构，成为一种均质红染半透明的带状或粗网状物，此即网状纤维的透明变性，小梁的形象也比较明显，其中结缔组织增生，胶原纤维互相融合，呈均质红染的一片，此即胶原纤维的透明变性（二维码 4-14）。

二维码 4-15
肾小管上皮细
胞透明变性
（猪，HE，
400×）

（2）细胞的透明变性：标本取自猪瘟病例的肾。

观察：眼观肾体积稍肿大，质地脆软，被膜下及切面遍布针尖大或小米大的出血点。肾小管上皮细胞普遍出现颗粒变性，有些变性细胞内可见大小不等、红染、半透明、均质、圆形滴状物，严重者，细胞破裂，滴状物进入肾小管，整个肾小管几乎全被这种物质堆满，而肾小管失去固有形象。肾小球体积大小不等，变化不一，有的分叶明显，内皮细胞增生，有的毛细血管袢基底膜变厚；有的肾小球充血或出血，甚至趋于纤维化。间质见少量炎性细胞浸润和出血现象（二维码 4-15）。

4. 淀粉样变性

病变要点：

（1）眼观病变：变性组织或器官肿胀、灰白、质地变脆，多发生在肝、脾和肾。

（2）镜检病变：淀粉样物质粉红染，见于肝的肝索和窦状隙之间的网状纤维、脾白髓或红髓和肾小球等部位。

病理切片：

（1）肝淀粉样变：标本取自水貂阿留申病病例的肝。

二维码 4-16
肝淀粉样变性
（水貂，HE，
400×）

观察：眼观肝体积肿大，色彩灰黄，质软易碎，切面纹理模糊。淀粉样物质主要沉积在窦状隙内皮细胞与肝细胞索之间的网状纤维上，形成均质淡粉红染的粗细不等的条索状，随着淀粉样物质沉着增多，肝细胞受压而逐渐萎缩甚至消失（图 4-7、二维码 4-16）。

（2）脾淀粉样变：标本取自慢性马鼻疽病例的脾。

观察：剖检时，肺和鼻腔黏膜有典型的鼻疽性变化，脾切面白髓比较明显。淀粉样变主要发生于中央动脉壁及周围组织，甚至整个白髓，严重时往往超过原白髓的范围。病变部位呈均质淡粉红染的团块状和条索状，固有的淋巴组织已萎缩消失，或仅见少量残留的细胞成分。红髓缩小，红髓中见有大量含铁血黄素的巨噬细胞，胞核多被遮盖。

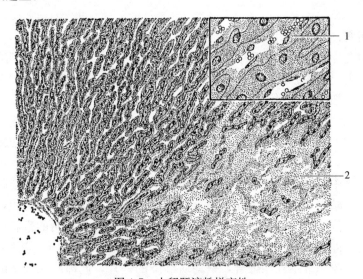

图 4-7　水貂肝淀粉样变性
1. 肝索和窦状隙之间淀粉样物沉积　2. 淀粉样物大量沉积，大部分肝索萎缩消失

（三）坏死（necrosis）

病变要点：

（1）眼观病变：肝、肾、心肌等实质器官坏死呈固态，即为凝固性坏死，与正常组织间形成炎性反应带；中枢神经坏死后溶解为液态，呈液化性坏死；坏死组织进一步发生坏疽，干性坏疽的组织变干变硬，甚至脱落，湿性坏疽组织溶解，气性坏疽组织中形成气体。

（2）镜检病变：坏死细胞细胞核溶解、破碎、浓缩，胞质嗜伊红浓染，间质胶原纤维肿胀、断裂、溶解。

大体标本：

（1）肺凝固性坏死：标本取自牛传染性胸膜肺炎（牛肺疫）病例肺。

观察：肺切面大部分组织干燥、无光泽、灰白色、呈凝固状态，该部分肺组织的形象虽然不同于正常肺组织，但其肺小叶、支气管和间质的纹理和轮廓仍可辨认，该区域为肺组织的凝固性坏死。坏死区外周形成结缔组织包囊，包囊外是未发生坏死的肺组织（二维码4-17）。

（2）心肌蜡样坏死：标本为患口蹄疫犊的心。

观察：在心肌表面、切面见黄白色斑块状或条纹状的病变，即为心肌蜡样坏死处，有时坏死的心肌与未坏死的心肌（暗红色）相间存在，呈虎皮斑纹样纹理，即呈"虎斑心"形象（二维码4-18）。

（3）肺干酪样坏死：标本为患结核病牛的肺。

观察：肺切面有大小不等、圆形结节性病灶，病灶中央为灰黄色、无结构、无光泽干酪样坏死物，其间散布有灰白色不定型的钙化灶，坏死外周有一层灰红色的特殊性肉芽组织，

二维码 4-17
肺凝固性
坏死（牛）

二维码 4-18
心肌蜡样
坏死（牛）

再外为灰白色的普通肉芽组织，结节之间可见多少不一的灰白色结缔组织增生，有的部位已发生纤维化（二维码 4-19）。

（4）皮肤干性坏疽：标本为慢性猪丹毒病例。

观察：发生干性坏疽的部位皮肤呈污黑色、变干硬，另一部分皮肤仍保持正常的形象，呈粉红色。坏疽皮肤与正常组织中间由于反应性炎而出现裂隙，逐渐腐离（二维码 4-20）。

病理切片：

（1）肾小管上皮细胞坏死：标本取自氯化汞中毒的家兔。

观察：眼观肾体积轻度变大，色彩变淡。见部分肾小管上皮细胞出现程度不同的变性与坏死。变性细胞肿大、淡染，主要为颗粒变性和空泡变性。坏死细胞轮廓尚存，其胞质嗜伊红深染，胞核有的浓缩（核浓缩），有的破碎（核破碎），有的完全溶解或仅留核影（核溶解），多数细胞彼此分离，并从基底膜脱落（图 4-8、二维码 4-21）。

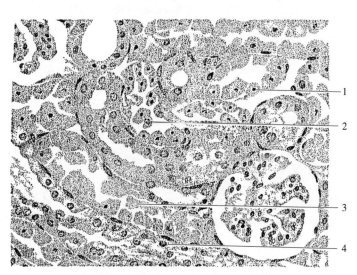

图 4-8　肾小管上皮细胞变性和坏死
1. 核浓缩　2. 核破碎　3. 核溶解　4. 空泡变性

汞是重金属盐类，是细胞原浆毒，进入机体后大部分由尿排出，在排出过程中可直接作用于肾小管上皮细胞，使之发生变性、坏死。

（2）肝细胞坏死：标本为兔出血症病例肝。

观察：眼观，肝肿大，质地变软变脆，灰黄色。肝小叶中央静脉和窦状隙扩张淤血；肝细胞肿大，胞质普遍发生颗粒变性和空泡变性；部分肝细胞坏死，其胞质嗜伊红深染，核浓缩、破碎或溶解，坏死细胞核溶解后形成嗜伊红小体。

（3）脑软化：标本为马乙型脑炎病例大脑。

观察：眼观，脑组织质地变软，脑回变宽，脑沟变浅，脑膜充血，大脑表面与切面见大小不等的出血点和圆形稍凹陷的液化性坏死灶（软化灶）。镜检除见非化脓性脑炎的病变（如血管周围淋巴细胞浸润、卫星现象等）外，脑组织中尚见大小不等的淡染区，该区域内神经元、神经纤维坏死、溶解，染色变浅，呈疏松无结构的筛网状，其中可有一定数量的胶质细胞，此即脑组织的坏死灶（图 4-9、二维码 4-22）。

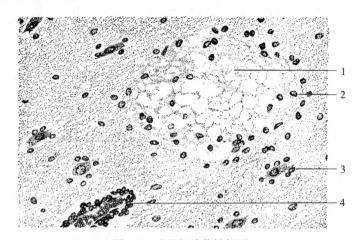

图 4-9　脑组织液化性坏死
1. 神经细胞和神经纤维坏死崩解，局部呈空网状
2. 增生的胶质细胞　3. 胶质细胞围绕在神经细胞周围，呈卫星
现象　4. 小血管周围淋巴细胞渗出形成管套

　　由于脑组织含水分及磷脂类物质较多，后者对蛋白凝固酶有抑制作用，所以坏死部位不凝固而很快溶解液化变软，故称为软化灶。

三、作业

（1）描述大体标本的病理变化。
（2）绘制镜检切片的病理变化图，并注明病变位置和简要描述病变特征。

（王凤龙）

实验五

适应与修复

一、实验目的

通过对大体标本和病理切片的观察，认识和掌握肥大、化生、肉芽组织、创伤愈合、骨折愈合、机化的病理变化特点，分析其发生的原因和机理以及对动物机体的影响和结局。

二、实验内容

1. 肥大（hypertrophy）

病变要点：

（1）眼观病变：通常发生肥大的组织器官体积增大，质量增加，管状器官的管壁增厚。

（2）镜检病变：肥大（真性肥大）组织器官中的实质细胞体积明显增大，核增大，间质相对减少。

大体标本：

（1）心肌肥大：标本取自左心瓣膜病羊的心。

观察：左心瓣膜病羊的心比同年龄正常羊心横径增宽，体积变大，质量增加；切开左心腔，左心室壁明显增厚，左心室腔变狭窄（图5-1）。

左心瓣膜病时，由于瓣膜不能随血流运动而关闭，而使心肌工作负担增加，逐渐引起心代偿性肥大。

（2）肾肥大：标本取自绵羊肾。

观察：与同年龄正常绵羊肾比较，标本中一侧肾体积显著增大，切面皮质明显增厚；另一侧肾体积显著变小，如鸽卵大小，质地较硬。

该例羊因一侧肾泌尿机能丧失，而另一侧健康的肾通过机能加强来补偿受损肾功能，导致其代偿性肥大。

病理切片：

心肌肥大：标本取自主动脉瓣口狭窄，引起左心室肥大的心。

观察：心肌纤维较正常心肌纤维粗大，肌质增多，细胞核体积增大，肌纤维排列紧密（图5-1）。

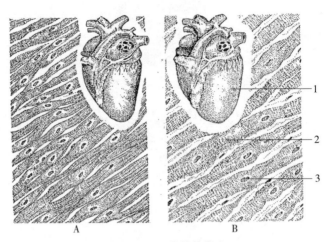

图 5-1　心肌代偿性肥大

A. 正常心和心肌　B. 肥大的心和心肌

1. 左心室肥大，心横径增宽，体积增大　2. 心肌纤维增粗

3. 细胞核增大

2. 化生（metaplasia）

病变要点：

（1）一种组织细胞转变为另一种组织细胞。

（2）常见的化生有结缔组织转变为骨组织、单层柱状上皮转变为复层鳞状上皮、腺上皮转变为间质组织、淋巴组织转变为造血组织。

病理切片：

（1）结缔组织的骨化生：标本取自鸡的肺组织。

观察：局部大量增生的结缔组织中有部分已发生骨化生，化生成为软骨组织，局部可见较多骨基质，骨陷窝内有成软骨细胞和软骨细胞。

（2）呼吸道的鳞状上皮化生：标本取自猪慢性支气管肺炎病例肺。长期慢性支气管肺炎损伤及炎性渗出物的刺激等因素可引起支气管黏膜上皮的鳞状化生。

观察：病变肺中局部细支气管黏膜上皮由原单层立方上皮已化生为复层鳞状上皮。细支气管管腔中有炎性渗出物，并混有炎性细胞和脱落的上皮细胞，细支气管管壁充血、水肿和炎性细胞浸润。

（3）髓外化生：标本取自羊慢性布鲁菌病病例的脾。髓外化生也称髓外造血，是指在机体疾病或骨髓代偿功能不足时，肝、脾、淋巴结可恢复胚胎时期的造血功能。

观察：在脾组织内出现髓外造血（骨髓化生）灶，髓外造血灶中主要为聚集的晚幼中性粒细胞和未成熟的幼稚型细胞，而骨髓组织的其他细胞成分则较少。

3. 肉芽组织（granulation tissue）

病变要点：

（1）眼观病变：肉芽组织表面粉红色、颗粒状、湿润、易出血。

（2）镜检病变：幼稚肉芽组织以成纤维细胞和新生毛细血管为主，成熟肉芽组织由纤维细胞和胶原纤维组成。

病理切片：

肉芽组织：标本取自羊局部皮肤创伤新形成的肉芽组织。

观察：在局部皮肤创面呈颗粒状或结节状，鲜红，质地软，易出血，表面覆有灰白色或灰黄色渗出物。镜下观察局部皮肤创伤处，由于炎症反应和肉芽组织大量增生使局部明显增厚，大致可分为表层、浅层和深层。表层以坏死组织为主，呈均质、红染、无结构，其中有细胞碎片、核碎片，其下缘有浸润的中性粒细胞，部分中性粒细胞坏死、崩解。浅层位于表层之下，此层由大量新生的毛细血管和成纤维细胞构成，新生的毛细血管多垂直创面生长，部分弯曲成毛细血管袢，并相互吻合成网，新生毛细血管有的形成管腔，有的呈条索状未出现管腔，内皮细胞体积大、核大而染色深，血管间不规则分布大量成纤维细胞、较多中性粒细胞和少量巨噬细胞与淋巴细胞。成纤维细胞体积大，呈圆形、类圆形、星芒状或不规则形状，胞质丰富、淡染，胞核大、呈椭圆形、淡蓝染（略嗜碱性）、有核仁。深层肉芽组织已逐渐成熟，成纤维细胞体积变小呈长梭形，细胞核逐渐变长、深染，胞质越来越少，最终转变为长梭形的纤维细胞。在纤维细胞形成的过程中，周围胶原纤维逐渐增加，毛细血管减少，浸润的中性粒细胞基本消失，最终形成由胶原纤维和狭长的纤维细胞共同构成的纤维性结缔组织（图 5-2、二维码 5-1）。

二维码 5-1
肉芽组织
（牛，HE，
200×）

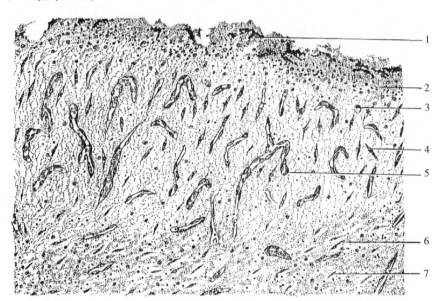

图 5-2　肉芽组织

1. 肉芽组织表层的坏死组织　2. 以中性粒细胞浸润为主的炎性反应带
3. 巨噬细胞　4. 成纤维细胞　5. 新生毛细血管
6. 胶原纤维　7. 纤维细胞

4. 创伤愈合（wound healing）

病变要点：

（1）根据创伤形成的条件，创伤愈合分为一期愈合和二期愈合。

（2）创伤愈合通过肉芽组织增生填平创口，表皮再生覆盖创面，一期愈合较快、疤痕小，二期愈合时间长、疤痕大。

病理切片：

皮肤创伤愈合：用外科手术的方法取下家兔的一小块皮肤，不加缝合让其自然生长愈合，两周后从创部取材制片，借以观察局部创伤愈合的情况。

观察：在组织一侧的正常皮肤，可见表皮、真皮及其衍生物（毛囊、皮脂腺等）的基本形象；在切片中部是创伤愈合部位，见表皮的生发层细胞深染，基底层细胞尤为明显，此即再生的表皮细胞，再生的细胞主要来源于基底层细胞，这些细胞从缺损的四周向创伤表面中心生长，逐渐覆盖创面；在创伤部位再生表皮下面的缺损已由成纤维细胞和毛细血管所构成的肉芽组织填平并成熟，转变为疤痕组织，其中毛细血管减少或消失，形成大量胶原纤维，成纤维细胞转变为长梭形的纤维细胞，也见少量的白细胞浸润，缺乏皮肤衍生物（图 5-3、二维码 5-2）。

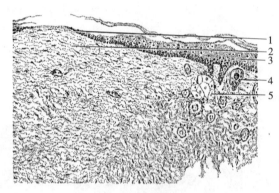

二维码 5-2
皮肤创伤愈合
（兔，HE，200×）

图 5-3　创伤愈合
1. 新生的表皮细胞　2. 创口再生的肉芽组织
3. 表皮　4. 毛囊　5. 皮脂腺

5. 骨折愈合（fracture healing）

病变要点：

（1）骨折发生后可经一系列再生修复过程，使骨的结构和功能得以逐渐恢复。骨折愈合过程可分为血肿形成、骨折断端坏死骨的吸收、纤维性骨痂形成、骨性骨痂形成和骨痂改建几个阶段。

（2）坏死骨主要由巨噬细胞和破骨细胞吞噬清除，纤维性骨痂由成骨细胞和肉芽组织构成，骨性骨痂则以骨细胞和骨基质为主，并有钙盐沉积，通过改建恢复骨组织的结构和功能。

大体标本：

马肋骨骨折愈合：标本取自马的一侧胸壁并排 8 根肋骨。

观察：在上 1/3 处骨折，已形成致密的梭形膨胀的骨痂，使断端愈合，其中第一根肋骨为不全骨折，没有错位，愈合较好，其后七根为完全骨折，出现错位愈合（二维码 5-3）。

二维码 5-3
骨折愈合（马）

此处的骨折是外伤所致，该标本的骨折愈合基本上处于骨痂形成期。

6. 机化（organization）

病变要点：

（1）机化是肉芽组织取代坏死组织、渗出物、异物等病理产物的过程。

（2）机化常导致浆膜粘连、形成疤痕、肺肉变等变化。

大体标本：

（1）纤维素的机化：标本取自副猪嗜血杆菌（副猪格拉菌）病病例。

二维码 5-4
胸膜粘连（猪）

观察：病猪胸腔、心包腔内有大量淡黄色或黄红色浆液性-纤维素性渗出物，纤维素性渗出物在浆膜腔内及脏器（心、肺）表面已形成大量淡黄色纤维素性伪膜和凝块，导致浆膜（心包膜、胸膜）增厚。渗出的纤维素被肉芽组织机化，造成心包与心外膜粘连、肺胸膜与胸壁粘连（二维码 5-4）。

（2）坏死组织的机化：标本取自患结核病牛的肺与脾。

二维码 5-5
肺坏死组织
机化（牛）

观察：病牛肺程度不等肿大，肺组织中（切面）有大小不等干酪样坏死病灶。病灶形成初期，坏死组织呈灰黄色或黄白色，较松软易碎，外观像乳酪样或豆腐渣样。形成时间较长的病灶，在干酪样坏死病灶的周围有肉芽组织的生长，肉芽组织逐渐向干酪样坏死中央生长，逐渐将干酪样坏死取代，小的干酪样坏死病灶可被肉芽组织完全取代机化，使坏死局部质地变硬，颜色灰白（二维码 5-5）。

病牛脾也程度不等肿大，脾组织中（切面）也有大小不等干酪样坏死病灶，在干酪样坏死病灶的周围逐渐有肉芽组织向干酪样坏死病灶中央生长，逐渐将干酪样坏死物取代机化，使坏死局部呈灰白色、坚实的病灶。

（3）包囊形成：标本取自牛膈肌异物与坏死物形成的包囊。牛创伤性网胃膈肌炎病例，异物周围炎性渗出物和肉芽组织增生形成包囊。

观察：牛膈肌异物性包囊形成，在病牛膈肌上有拳头大小的卵圆形异物与坏死物团块，周围有大量增生的肉芽组织包围形成包囊，囊壁厚 2～3 cm。包囊壁内侧有灰白色绒毛状物，是渗出物被机化而形成（图 5-4、二维码 5-6）。

牛创伤性网胃心包炎病例，常常是因为牛采食了尖硬的异物（如铁钉、铁丝、玻璃等），异物随食物进入网胃，随网胃收缩刺破网胃壁，进一步刺破横膈，严重时可刺入心包，引起创伤性网胃心包炎。异物周围肉芽组织增生，形成包囊，将其限制在局部以降低对机体的损伤作用，具有适应意义。

二维码 5-6
包囊形成（牛）

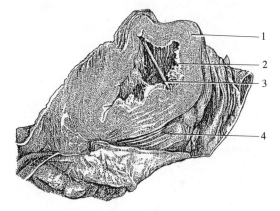

图 5-4　包囊形成
1. 包囊壁　2. 囊壁内侧绒毛状结缔组织　3. 铁钉　4. 膈肌

（4）结核结节的钙化：标本取自患结核病牛的肺和支气管淋巴结。

观察：病牛肺程度不等肿大，肺组织中（切面）有大小不等黄白色结节，有的结节中央尚有灰黄色或黄白色物，较松软易碎，外观呈干酪样或豆腐渣状的坏死。而病程久时，较小的干酪样坏死病灶则发生钙化，钙化的结节局部呈灰白色坚实状，或呈白色石头样坚硬的颗粒或团块，外围常常有结缔组织包围。钙盐沉着量少的局部眼观变化不明显（二维码 5-7）。

二维码 5-7
肺坏死组织
钙化（牛）

病牛支气管淋巴结高度肿大，肿大的淋巴结切面也有大小不等黄白色结节。而病程久时，较小的干酪样坏死病灶均发生程度不等钙化，钙化的结节局部呈灰白色坚实状，或呈白色石头样坚硬的颗粒或团块，外围常常有结缔组织包围。

病理切片：

肺肉变：标本取自猪传染性胸膜肺炎病猪肺。

观察：病变肺局部肺泡中的纤维素等炎性渗出物已逐渐由大量增生肉芽组织（富含成纤维细胞和毛细血管）取代，严重时，肺泡腔内充满增生的肉芽组织或纤维性结缔组织，局部肺间质也有大量肉芽组织增生取代炎性渗出物，甚至增生的肉芽组织或纤维性结缔组织连接成片。同时，局部散在多少不等的巨噬细胞等炎性细胞（二维码 5-8）。

二维码 5-8
肺肉变
（猪，HE，400×）

三、作业

（1）描述肥大、肉芽组织、创伤愈合、骨折愈合、机化等大体标本的病理变化。

（2）绘制肥大、化生、肉芽组织、创伤愈合、机化等镜检切片的病理变化图，并注明病变位置和简要描述病变特征。

（贾　宁）

实验六

炎　症

一、实验目的

通过观察大体标本和病理切片，认识变质性炎、渗出性炎和增生性炎的病理形态学变化，分析其发生原因和机理，以及对机体的意义和影响。

二、实验内容

1. 变质性炎（alterative inflammation）

病变要点：

变质性炎多发生于实质器官，如肝、心肌、肾等，在组织细胞明显变性、坏死的同时，见多量淋巴细胞、浆细胞、单核-巨噬细胞渗出和增生。

病理切片：

（1）心肌变质性炎：标本取自犊牛口蹄疫病例心肌。

观察：眼观，心肌横径增宽，表面、切面散在分布大小不等、形状不一的灰黄色病灶，呈"虎斑心"形象。镜检见肌纤维肿胀，呈不同程度的颗粒变性和脂肪变性，其中有的区域肌纤维发生蜡样坏死。坏死的肌纤维均质、红染，有的进而断裂、崩解为大小不等的团块。间质内，特别是小血管周围有较多的淋巴细胞、巨噬细胞和少量浆细胞浸润（图6-1、二维码6-1）。

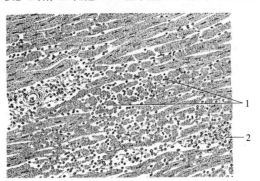

二维码6-1
变质性心肌炎
（牛，HE，200×）

图6-1　犊牛变质性心肌炎
1. 心肌纤维坏死、断裂、溶解
2. 小血管周围淋巴细胞、单核细胞渗出

（2）肝变质性炎：标本取自鸭病毒性肝炎病例。

观察：眼观，肝体积呈中度肿大，土黄色或呈斑驳状，质地脆软。镜检可见窦状隙轻度扩张、充血，肝细胞普遍发生明显的颗粒变性和脂肪变性，部分肝细胞坏死。坏死的肝细胞有的单个散在，其胞核溶解消失，胞体收缩成圆形或类圆形，成为伊红浓染的蛋白质团块，又称为嗜酸性小体；或呈小灶状坏死，局部有少量伪嗜酸性粒细胞浸润。此外，可见窦状隙及中央静脉内有较多伪嗜酸性粒细胞（图 6-2）。该标本所显示的变质性炎是鸭肝炎病毒感染所致。

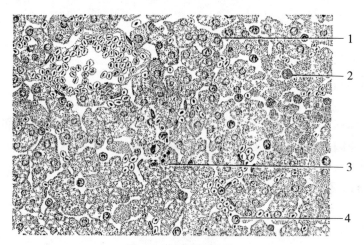

图 6-2　鸭变质性肝炎
1. 肝细胞脂肪变性　2. 肝细胞坏死，体积变小，核溶解，伊红深染
（嗜伊红小体）　3. 肝细胞小灶状坏死，其中淋巴细胞、单核细胞浸润
4. 窦状隙内伪嗜酸性粒细胞

2. 渗出性炎（exudative inflammation）

病变要点：

渗出性炎因渗出物不同，出现各异的变化。浆液性炎以炎性水肿为主；纤维素性炎有大量纤维素渗出，形成丝网状、絮片状或纤维素膜，与坏死的黏膜融合形成固膜性炎；化脓性炎有大量中性粒细胞渗出，形成脓肿、积脓、蜂窝织炎等；出血性炎的组织和器官出现不同程度的出血。

大体标本：

（1）心外膜纤维素性炎：

标本 1：猪肺疫病例的心和心包。

二维码 6-2
纤维素性心
包炎（猪）

观察：心包小血管扩张，充满暗红色血液（淤血），剪除一部分心包后，可见心外膜上附着一层灰白色薄膜，薄膜质地松软，易剥离，没有机化现象，这是猪肺疫时急性炎症过程中出现的纤维素性渗出物（二维码 6-2）。

标本 2：猪肺疫病例的心。

观察：心外膜增厚，表面覆盖一层灰白色、绒毛样渗出物，故称为绒毛心（图 6-3、二维码 6-3）。绒毛样物是渗出的纤维素随心跳动形成的，如肉芽组织机化纤维素，可使心外膜和心包发生粘连。

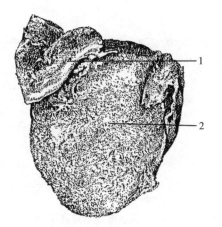

二维码 6-3
纤维素性心
包炎（绒毛心）
（猪）

二维码 6-4
纤维素性
肺炎（牛）

图 6-3　纤维素性心外膜炎
1. 心包增厚，内侧附着纤维素
2. 心外膜增厚，表面附着绒毛样纤维素

（2）肺纤维素性炎（大叶性肺炎）：标本为患牛肺疫病牛的肺。

观察：可见肺体积增大，边缘钝圆，质地变实如肝。切面见肺小叶变大，肺组织失去原有的空泡状结构，间质增宽，各小叶色彩暗红或灰黄不一；有些支气管管壁变厚，管腔被炎性渗出物阻塞，有些血管内出现血栓。由于上述变化，整个肺的切面呈现大理石样外观。此外，可见胸膜明显增厚，并有纤维素性物质附着（二维码 6-4）。

（3）固膜性肠炎：标本取自猪瘟病例的肠道。

观察：可见肠黏膜上散在分布着许多黄豆大到杏核大的数个病灶，病灶中心部已坏死，同渗出的纤维素一起形成较干涸的淡黄色不易剥离的痂，呈类圆形、表面隆起、轮层状，即固膜性肠炎的形象（图 6-4、二维码 6-5）。病灶以外的肠黏膜上，有黄白色絮状纤维素性薄膜状物附着，因局部无明显的组织坏死，所以容易剥离，此即浮膜性肠炎的形象。

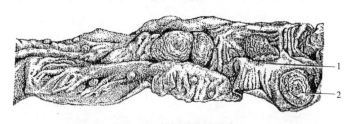

二维码 6-5
固膜性肠炎
（猪）

图 6-4　猪瘟固膜性肠炎
1. 肠黏膜　2. 黏膜面形成类圆形、隆起、轮层状病灶，即固膜性炎灶

（4）脓肿：标本为牛肝。

观察：肝边缘与膈肌粘连，在膈肌与肝之间有一鸡卵大的脓肿，内为凝固的脓汁，切面呈灰黄色，无光泽，外有一层结缔组织包囊，外围肝组织呈现压迫性萎缩。

（5）蜂窝织炎：标本取自慢性腹膜炎继发皮下蜂窝织炎的患牛。

观察：腹膜炎是瘤胃穿刺不当引起感染而造成的。由于慢性炎症的刺激，腹膜普遍增厚，有的部分与腱膜粘连在一起。在皮下疏松组织中可见厚 3～4 cm 广泛的淡黄色蜂窝状肿胀，其中有些区域存在黄白色凝固的胶冻样物质，这就是蜂窝织炎的形象。它的发生与化脓菌感染、出现大量炎性渗出物，并在疏松组织中迅速蔓延有关（图 6-5、二维码 6-6）。

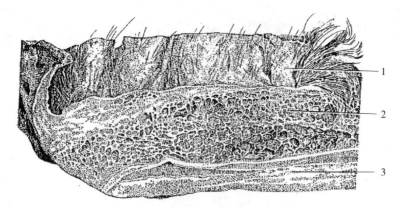

二维码 6-6
化脓性炎
（蜂窝织炎）
（马）

图 6-5　骡腹壁皮下蜂窝织炎

1. 皮肤　2. 皮下和腹壁肌间显著增厚，呈蜂窝状　3. 腹壁肌

（6）出血性淋巴结炎：标本取自猪瘟病例。

观察：剖检时见全身淋巴结普遍发生出血性炎。该淋巴结体积增大、变圆、外观为暗红色，切面呈暗红色与灰白色相间的大理石样景象，前者为出血，后者为淋巴组织。有的淋巴结出血十分严重，淋巴组织则相对减少，猪瘟时，由于毛细血管内皮受损，炎性渗出和出血显著，所以淋巴结体积变大（图 1-14、二维码 6-7）。

二维码 6-7
出血性淋巴
结炎（猪）

病理切片：

（1）浆液性肺炎：标本取自猪肺疫病例肺。

观察：眼观肺体积增大，表面光亮，色彩不一。镜检可见细支气管管壁充血、水肿，管腔内有浆液性渗出液及少量中性粒细胞和脱落的支气管上皮细胞；肺泡壁充血，肺泡内充盈大量均匀粉红染的浆液，其中混有少量中性粒细胞和脱落的肺泡壁上皮细胞，此即浆液性支气管性肺炎的表现。与炎灶相邻小叶的肺泡高度扩张，形成代偿性肺气肿的形象（图 6-6、二维码 6-8）。

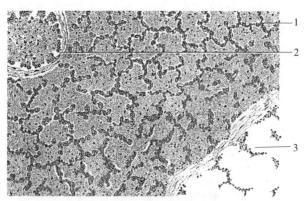

二维码 6-8
浆液性肺炎
（猪，HE，
200×）

图 6-6　猪浆液性支气管性肺炎

1. 肺泡壁毛细血管扩张充血，肺泡内浆液和少量中性粒
细胞渗出　2. 细支气管上皮细胞脱落，管腔内浆液和中性粒
细胞渗出　3. 肺泡代偿性肺气肿

　　浆液性肺炎是以浆液渗出为主的炎症，渗出液中含一定量的蛋白质，并有少量中性粒细胞和局部脱落的上皮细胞。浆液性炎是炎症的早期表现，往往是其他渗出性炎的基础。

　　（2）纤维素性肺炎：标本取自牛肺疫病例肺。

　　观察：眼观肺肿大，呈暗红色，质地硬实如肝。肺胸膜表面附着一层厚薄不均、松软、淡黄色的纤维素性渗出物。镜检见肺泡壁毛细血管怒张充血，肺泡内有大量粉红染、丝网状纤维素性渗出物，并通过肺泡孔相互连接，纤维素网孔中混有大量红细胞、少量中性粒细胞和脱落的肺泡壁上皮细胞。细支气管管壁充血、水肿，管腔内也有纤维素性渗出物和红细胞、白细胞以及脱落的上皮细胞，此即纤维素性肺炎（红色肝变期）的镜下形象（图6-7、二维码6-9）。

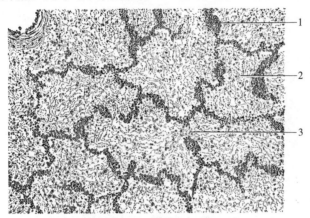

二维码 6-9
纤维素性肺炎
（牛，HE，400×）

图 6-7　牛纤维素性肺炎
1. 肺泡壁毛细血管扩张充血　2. 肺泡腔有大量纤维素渗出，其中有红细胞和少量中性粒细胞　3. 相邻肺泡内纤维素通过肺泡孔相连接

　　（3）固膜性肠炎：标本取自患新城疫鸡的肠道。

　　观察：眼观肠黏膜面散在分布着粟粒大、形态不规则、表面干燥的小固膜性炎灶，其周围为暗红色充血、出血带。镜检可见炎灶区肠黏膜坏死，肠绒毛的固有形象消失，坏死组织与渗出的纤维素凝结在一起，成为粉红染无结构物，其中散布着蓝染的核破碎物质，炎灶周围的肠黏膜充血、出血及炎性细胞浸润，此即局灶性固膜性肠炎的镜下形象（图6-8）。

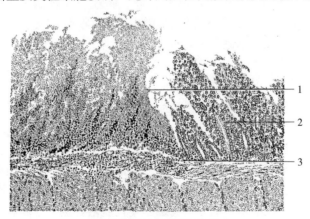

图6-8　鸡新城疫固膜性肠炎
1. 黏膜绒毛、固有层、黏膜下层坏死，与渗出的纤维素融合成无结构的坏死灶
2. 残存的绒毛　3. 坏死灶与正常组织之间的炎性反应带

（4）化脓性肺炎：标本取自猪肺疫病例肺。

观察：眼观肺体积变大，色彩不一，在尖叶、心叶和膈叶的前下缘可见大小不等的灰黄色小脓肿。镜检可见炎灶边缘区支气管管壁充血、水肿、中性粒细胞浸润、上皮细胞变性脱落，支气管管腔充盈大量中性粒细胞，肺泡壁充血，肺泡内也有大量中性粒细胞浸润。炎灶中心区的肺组织已完全坏死溶解，其固有形象消失，仅见残留支气管上皮片段及大量坏死的中性粒细胞（脓细胞）、组织坏死的溶解物和炎性渗出液，此即化脓性支气管性肺炎的镜下形象（图6-9）。

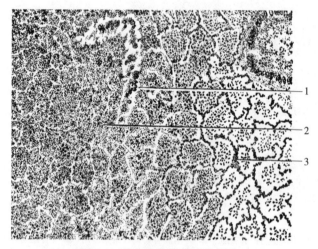

图6-9　猪化脓性支气管性肺炎
1. 支气管管壁崩解，残存少量支气管上皮细胞　2. 化脓灶渗出的大部分中性粒细胞和组织坏死溶解，形成浓汁　3. 化脓灶附近肺泡壁充血，肺泡腔内有多量中性粒细胞渗出

（5）化脓性肾炎：标本取自马化脓性肾炎病例肾。

观察：眼观肾明显肿大，质地脆软，切面纹理不清，其表面及切面散布着许多大小不等、黄白色、稍隆起的脓肿灶，病灶周围有红晕。镜检可见炎灶中央部的肾小球、肾小管等固有组织已坏死崩解，仅边缘部尚留残迹，该部有大量中性粒细胞浸润，其胞核多呈浓缩状态或已破碎，同时还有浆液-纤维素渗出和出血。炎灶内还能发现真菌菌丝，呈分支状，由一个个粗大的孢子排列而成，此即引起该化脓性肾炎的病原体。炎灶外周的肾组织充血、出血、白细胞浸润和肾小管上皮细胞颗粒变性（图6-10、二维码6-10）。

二维码6-10
化脓性肾炎
（马，HE，
400×）

（6）卡他性肠炎：标本取自患猪的小肠段。

观察：眼观肠黏膜潮红，其表面附着灰黄色黏液。镜检可见黏膜固有层毛细血管扩张充血，组织排列疏松（水肿），其中可见少量淋巴细胞浸润；黏膜上皮及肠腺内杯状细胞黏液分泌亢进，肠绒毛上皮残缺不全，部分上皮细胞变性脱落，绒毛之间肠腔内见游离的脱落上皮、黏液絮片和少量炎性细胞。

（7）出血性淋巴结炎：标本取自猪瘟病例淋巴结。

观察：眼观淋巴结体积变大，暗红色，切面边缘呈暗红色，中央区呈红白相间的"大理石样"花纹。镜检可见淋巴组织中毛细血管扩张充血，被膜下淋巴窦及周围组织中聚集大量红细胞，淋巴小结、小梁周围淋巴窦内也有红细胞散在（出血）。此外，可见淋巴细胞坏死，出现较多的细胞碎片和核碎片，淋巴窦内充盈渗出的浆液，还可见网状细胞肿胀、增殖、脱落，以及巨噬细胞吞噬变性坏死的淋巴细胞和红细胞（二维码6-11）。

二维码 6-11
出血性淋巴
结炎（猪，
HE，200×）

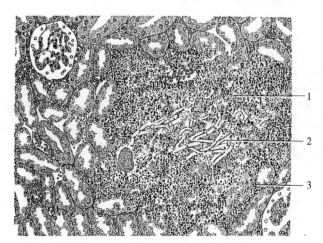

图 6-10　马肾化脓性炎
1. 脓肿区聚集大量细胞碎片、脓细胞，肾组织结构消失
2. 引起化脓的真菌菌丝　3. 脓肿周围充血、出血和炎性细胞浸润

3. 增生性炎（proliferation inflammation）

病变要点：

普通增生性炎以淋巴细胞、浆细胞、巨噬细胞增生为主，有时伴有肉芽组织和实质细胞的增生，组织或器官肿大变硬；特殊增生性炎以上皮样细胞和多核巨细胞增生为主，形成特殊肉芽组织增生性结节。

大体标本：

（1）增生性淋巴结炎：标本取自马传贫病例淋巴结。

二维码 6-12
增生性淋巴
结炎（马）

观察：淋巴结高度肿大，外观呈圆形或椭圆形，呈枣状，切面呈灰白色稍隆起，这是在马传贫病毒作用下，淋巴组织高度增生的表现（二维码6-12）。

（2）增生性脾炎：标本取自马传贫病例脾。

观察：脾体积增大，边缘变钝，质地坚实，切面平坦，含血量不多，呈淡紫色；白髓形象鲜明，体积变大，密度增加。脾门淋巴结高度肿大，指头大到鸽卵大，粉红色；切面呈髓样肿大，有的淋巴小结呈颗粒状灰白色（二维码6-13）。

二维码 6-13
增生性脾炎
（马）

（3）增生性肠炎：标本取自副结核病例牛肠道。

观察：肠黏膜光亮苍白，呈现脑回样皱褶，柔软富有弹性，肠壁明显增厚，尤以黏膜层最为显著，这是该部有大量淋巴细胞和上皮样细胞增生的缘故（二维码6-14）。

二维码 6-14
特殊增生性
肠炎（牛）

（4）增生性结核结节：标本取自结核性浆膜增生性结节病牛。

观察：标本为网膜，其上散布着一层密集的黄豆大或绿豆大圆而光滑的淡粉色珍珠样颗粒，此即网膜上的结核性增生性结节。这些结节的中心为结核菌所致的干酪样坏死，外周为特殊肉芽组织，最外层又被普通肉芽组织包裹。在其形成过程中，随着腹腔脏器的收缩运动而形成珍珠样外形，故称"珍珠病"（图6-11、二维码6-15）。

二维码 6-15
结核性增生
性腹膜炎
（珍珠病）
（牛）

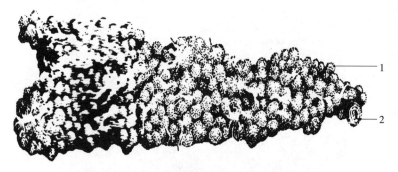

图 6-11　牛结核增生性腹膜炎（"珍珠病"）

1. 网膜密布球形、灰白色、表面光滑的增生结节，形似珍珠，故称"珍珠病"

2. 结节切面中心为干酪样坏死，外围被特殊肉芽组织和普通肉芽组织包裹

病理切片：

结核性肉芽肿：标本取自结核病牛胸膜上的增生物。

观察：眼观肿物呈卵圆形，黄豆至蚕豆大，表面光滑，切面为灰白色，均匀致密。镜检可见增生物是由大小不等的结节性病灶所组成，结节的中心为新生的上皮样细胞和多核巨细胞所构成的特殊性肉芽组织。上皮样细胞细胞核比较大，为类圆形或椭圆形，淡染呈泡沫样，通常有核仁，胞质相互连接无明显界限，多核巨细胞胞体巨大，胞核数量较多，数个至数十个不等，胞核形状与上皮样细胞相似，通常沿细胞周边呈马蹄形排列。结节外周为一层有淋巴细胞和少量浆细胞浸润的普通肉芽组织。这就是牛结核性增生性炎的镜下形象（图6-12、二维码6-16）。

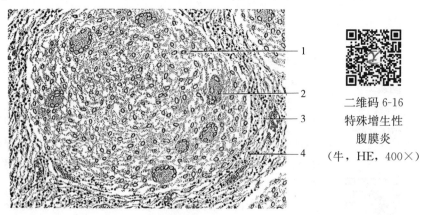

二维码 6-16
特殊增生性
腹膜炎
（牛，HE，400×）

图 6-12　牛结核性增生性炎

1. 上皮样细胞　2. 多核巨细胞　3. 成纤维细胞

4. 肉芽组织中浸润的淋巴细胞

三、作业

（1）描述大体标本的病理变化。

（2）绘制镜检切片的病理变化图，并注明病变位置和简要描述病变特征。

（王凤龙）

实验七

实验性肺水肿

一、实验目的

体液是机体重要的组成部分，其质和量在体内处于动态平衡。在各种病因作用下，造成组织液的生成多于回流，或机体的水、盐摄入增多而排出减少，均可引起水肿（edema）。本实验通过复制家兔实验性肺水肿的动物病理模型，以观察肺水肿的主要表现和病理变化，分析和理解其发生机理。

二、实验内容

（一）实验动物

健康家兔 1 只，体重 2.0～2.5 kg。

（二）器材

静脉插管及静脉输液装置，剪毛器，普通镊，手术刀，手术剪，止血钳，牙科镊，眼科剪，结扎线，止血纱布，医用胶布，乙醇棉球，烧杯，滤纸，10 mL、15 mL 注射器及针头，手术台，小磁盘，听诊器，电子秤，水浴锅，电子天平（最大量程 100 g）等。

（三）试剂

生理盐水（0.9%氯化钠注射液），2%普鲁卡因，0.01%肾上腺素生理盐水溶液等。

（四）操作与观察

（1）将家兔称重后，仰卧保定于手术台上，颈部剪毛，用 2%普鲁卡因（约 5 mL）进行局部麻醉，消毒后切开颈部皮肤。

（2）分离一侧颈外静脉，结扎颈外静脉远心端，在近心端靠近结扎处将颈外静脉剪开一个小口后插入静脉插管，连接静脉输液装置，结扎固定，打开静脉输液装置的螺旋夹，如果输液畅通则拧紧螺旋夹以备输液。

（3）将水浴后的 37 ℃生理盐水静脉输入家兔体内（总量按每千克体重 100 mL，输液速度为 190～220 滴/min），待输液即将结束时，向输液瓶中加入 0.01%肾上腺素生理盐水

（按每千克体重 4.5 mL）。

（4）注意观察输液过程中动物呼吸运动的改变，密切观察鼻孔是否有粉红色泡沫样液体流出，并听诊肺部有无湿性啰音出现。

（5）待家兔自然死亡后（若不能自然死亡，可人工处死），打开胸腔，小心取出肺，用结扎线在气管与支气管连接处结扎以防止水肿液流出。在结扎部位上方切断气管，小心把心脏及其血管分离，勿损伤肺，把肺完整取出，用滤纸吸去肺表面的水分及血液后，称取肺质量，计算肺系数。

（6）细致观察肺的病理变化。先肉眼观察肺外观的变化，再分别切开气管、支气管、肺，观察切面的变化，注意有无泡沫状液体流出及观察水肿液的性状。

（7）对家兔进行系统病理学剖检，并为做组织病理学观察取材。

附：肺系数计算公式：

$$肺系数＝肺重（g）/体重（kg）$$

（正常家兔的肺系数为 4～5）。

（五）结果分析

将各项结果记入表 7-1 内。

表 7-1　兔实验性肺水肿观察记录表

	输入生理盐水的量/mL	输液速度/（滴/min）	输入肾上腺素的量/mL	肺重/g	体重/kg	肺系数
实验家兔						

三、作业

（1）描述实验性肺水肿发生之后家兔的主要临床表现以及肺的病理形态学变化。
（2）结合实验结果分析实验性肺水肿的发生机理。

（么宏强）

实验八

酸碱平衡障碍

一、实验目的

通过静脉注射磷酸二氢钠、碳酸氢钠溶液，以及减少或增加通气量的方法复制急性酸碱平衡紊乱的动物模型，观察各型酸碱平衡紊乱时血气和酸碱指标及呼吸的变化，并用碳酸氢钠对急性代谢性酸中毒（metabolic acidosis）进行实验性治疗，使学生加深对酸碱平衡紊乱的认识和理解。

二、实验内容

（一）实验动物

健康家兔1只，体重2.0～2.5 kg。

（二）器材

止血纱布，医用胶布，乙醇棉球，烧杯，1 mL、10 mL注射器，手术台，外科剪，眼科剪，外科手术刀，有齿镊，无齿镊，止血钳，毛剪，骨钳，大磁盘（放器材用），小磁盘（放组织用），软木塞，动脉夹，三通管，电子秤（最大量程5 kg），水浴锅，血气分析仪（Compact-3），生物信息采集处理仪，电子天平（最大量程100 g）等。

（三）试剂

12％磷酸二氢钠、5％碳酸氢钠、1％普鲁卡因、0.3％肝素、0.1％肾上腺素、肝素生理盐水等。

（四）操作与观察

1. 手术和血标本检测

（1）动物麻醉与保定：家兔称重后，仰卧位保定于兔台上，颈部和一侧腹股沟部剪毛，用1％普鲁卡因做颈部和腹股沟部浸润麻醉。

（2）气管插管与动脉插管：按常规方法分离暴露气管，在环状软骨下0.5～1 cm处做倒T形切口，插入气管插管并固定；分离出一侧颈总动脉（长2.5～3 cm），将其远心端结扎，近心端用动脉夹夹闭。在靠近远心端结扎线处，用眼科剪呈 45°角向心方向剪开血管（约为颈总动脉直径的 1/3），将连接三通管并充满 0.3％肝素的细塑料管尖端轻轻插入血管，然后结扎固定。

（3）分离股神经：在局麻下沿股动脉行走方向切开股三角部皮肤，分离出一段股神经，从其下方穿线，以备疼痛刺激时用，切口用湿生理盐水纱布覆盖。

（4）取血预备：用 1 mL 注射器吸取少量肝素生理盐水，将管壁湿润后推出（注意：要使注射器腔和针头内都充满肝素），然后将针头刺入小软木塞以隔绝空气。

（5）取血：打开三通管，松开动脉夹，弃去最先流出的两三滴血液后，迅速去掉注射器上的针头并立即插入三通管取血 0.3～0.5 mL（注意不要使气泡进入）。关闭三通，拔出注射器并立即套上原针头，以中指弹击注射器管壁 20 s，使血液与肝素混合。取血后向三通管注入少量肝素，将血液推回血管，以防塑料管内凝血，然后将动脉夹仍夹于原处。检测各项血气和酸碱指标，作为实验前的正常对照值。

注意：隔绝空气和抗凝。

2. 复制代谢性酸中毒并进行治疗

（1）经耳缘静脉注入 12％的磷酸二氢钠溶液，剂量为每千克体重 5 mL。

（2）给药（注入 12％的磷酸二氢钠溶液）后 10 min，经三通管取血，用血气分析仪检测各项血气和酸碱指标，如 pH、P_{CO_2}、P_{O_2}、SB（标准碳酸氢根含量）、AB（实际碳酸氢根含量）、BB（能中和酸性物质的负离子总量）、BE（碱剩余量）。

（3）根据注入酸性溶液（12％的磷酸二氢钠溶液）后测得的 BE 值，按以下计算方法进行补碱治疗。

$$BE×体重（kg）×0.3＝所需补充碳酸氢钠的量（mmol）$$

其中，0.3 是 HCO_3^-进入体内分布的间隙，即体重×30％。

1 mL 5％碳酸氢钠即 0.6 mmol。

所需补充的 5％碳酸氢钠体积（mL）＝所需补充碳酸氢钠的量（mmol）÷0.6

（4）经 5％碳酸氢钠治疗后 10 min，取血用血气分析仪检测各项指标，观察是否恢复到接近正常水平。

3. 复制呼吸性酸中毒

待兔血气和酸碱指标基本恢复正常后，用止血钳完全夹闭气管插管上的乳胶管 1～1.5 min，此时可见血液呈紫绀色，兔因窒息而挣扎，立即取血测定血气和酸碱指标（pH、P_{CO_2}、P_{O_2}、SB、AB、BB、BE）。取血后即刻解除夹闭，以免家兔因窒息而死亡。

4. 复制呼吸性碱中毒

（1）解除气管夹闭约 10 min，家兔呼吸频率和幅度基本恢复正常后，取血用血气分析仪检测各项血气和酸碱指标作为对照值。

（2）用生物信息采集处理仪对股神经进行疼痛刺激：①刺激输出选用连续方波，电压 5 V，频率 10 次/s；②将输出的无关电极末端的鳄鱼夹夹住腹股沟部切口周围组织，刺激电极末端的蛙心夹夹住股神经，并使之稍离开周围组织，以防短路；③按刺激启动键，在显示器上可见输出的刺激波，家兔可因疼痛而尖叫，并伴有快速呼吸。当显示刺激达 15 s 时，停止刺激，随即取血测定血液酸碱指标（pH、P_{CO_2}、P_{O_2}、SB、AB、BB、BE）。

（3）也可用人工呼吸机使家兔过度通气。

实验结束，待动物恢复 10 min 后，可选做复制代谢性碱中毒或呼吸性酸中毒合并代谢性酸中毒实验。

5. 复制代谢性碱中毒

经耳缘静脉注入 5% 碳酸氢钠溶液，每千克体重 3 mL，10 min 后取血并检测各项血气和酸碱指标 pH、P_{CO_2}、P_{O_2}、SB、AB、BB、BE。此时，血气和酸碱指标不会在短时间内恢复正常，故该兔不宜继续进行其他实验。

6. 复制呼吸性酸中毒合并代谢性酸中毒

（1）经耳缘静脉注入 0.1% 肾上腺素，每千克体重 1 mL，造成急性肺水肿。待家兔出现呼吸困难、躁动不安、发绀、气管插管内有白色或粉红色泡沫溢出时，取血测定血气和酸碱指标（pH、P_{CO_2}、P_{O_2}、SB、AB、BB、BE）。

（2）家兔死亡后，开胸观察肺变化（若未死亡，可静脉注入空气致死）。结扎气管，取出两肺，可见肺体积明显增大，有出血、淤血、水肿。此外，肺切面有白色或粉红色泡沫状液体流出。

注意事项

（1）取血时切勿进入气泡，否则影响血气和酸碱指标测定结果。

（2）取血前应让动物安静 5 min，以免因刺激造成的过度通气影响血气和酸碱指标。

（五）结果分析

（1）将实验结果填入下表（表 8-1、表 8-2、表 8-3、表 8-4、表 8-5）。

表 8-1　代谢性酸中毒实验结果

	pH	P_{CO_2}	P_{O_2}	SB	AB	BB	BE	呼吸（频率，幅度）
实验前（对照）								
模型								
治疗后								

表 8-2　呼吸性酸中毒实验结果

	pH	P_{CO_2}	P_{O_2}	SB	AB	BB	BE	呼吸（频率，幅度）
实验前（对照）								
模型								
治疗后								

表 8-3　呼吸性碱中毒实验结果

	pH	P_{CO_2}	P_{O_2}	SB	AB	BB	BE	呼吸（频率，幅度）
实验前（对照）								
模型								
治疗后								

表 8-4 代谢性碱中毒实验结果

	pH	P_{CO_2}	P_{O_2}	SB	AB	BB	BE	呼吸（频率，幅度）
实验前（对照）								
模型								
治疗后								

表 8-5 呼吸性酸中毒合并代谢性酸中毒实验结果

	pH	P_{CO_2}	P_{O_2}	SB	AB	BB	BE	呼吸（频率，幅度）
实验前（对照）								
模型								

（2）实验结果分析：

①各型酸碱平衡紊乱（代谢性酸中毒、呼吸性酸中毒、代谢性碱中毒、呼吸性碱中毒）模型是否复制成功？依据是什么？

②各型酸碱平衡紊乱（代谢性酸中毒、呼吸性酸中毒、代谢性碱中毒、呼吸性碱中毒）的发生原因和机制是什么？

③各型酸碱平衡紊乱（代谢性酸中毒、呼吸性酸中毒、代谢性碱中毒、呼吸性碱中毒）的代偿机制是什么？

（3）分析 12％的磷酸二氢钠和 5％碳酸氢钠、夹闭气管、刺激股神经等可分别致代谢性酸中毒、呼吸性酸中毒、代谢性碱中毒、呼吸性碱中毒的原因。

（4）分析 5％碳酸氢钠可纠正代谢性酸中毒的机制。

三、作业

（1）试根据急性代谢性碱中毒的发病原因设计治疗方案。

（2）分析盐水反应性代谢性碱中毒通过口服或静脉注射生理盐水即可治愈的机理。

（董俊斌）

实验九

缺　氧

一、实验目的

缺氧（hypoxia）是指组织细胞供氧不足或利用氧的过程发生障碍。通过复制低张性缺氧（外呼吸性缺氧）、血液性缺氧、组织性缺氧的动物模型，了解各型缺氧的发生原因、发病机理和主要表现，借以增强对各种缺氧的理解。并同时观察不同类型缺氧过程中实验动物呼吸频率及幅度、口唇黏膜颜色、血液颜色、死亡时间及机体功能变化等；观察一氧化碳中毒性缺氧、亚硝酸钠中毒性缺氧和氰化钾中毒性缺氧对呼吸的影响和血液颜色的变化，借以说明这几种缺氧发生的原因和致病机理。

二、实验内容

（一）低张性缺氧（hypotonic hypoxia）

1. 实验动物

小鼠 2 只。

2. 器材

小鼠缺氧瓶（100～125 mL 带塞的广口瓶，图 9-1），一般解剖器械，天平等。

3. 试剂

钠石灰（NaOH·CaO）。

4. 操作与观察

（1）取小鼠 1 只称重后放入小鼠缺氧瓶内，瓶内预先加入钠石灰 5 g。观察动物一般状况，如呼吸频率、呼吸状态、皮肤、可视黏膜色彩、精神状态等。

（2）旋紧瓶塞，用弹簧夹关闭通气胶管，防止漏气。记录时间，以后每隔 3 min 重复观察并记录上述各项指标的变化（如有其他变化则随时记录），直至动物死亡。

（3）剖检死亡小鼠和健康对照小鼠，对比观察并记录血液颜色的改变和其他脏器的颜色变化。

5. 结果分析

将各项结果记入表 9-1 中。

图 9-1　小鼠缺氧瓶

表 9-1　小鼠低张性缺氧观察记录

呼吸频率/(次/min)	呼吸状态	皮肤、黏膜色彩	尸体剖检		备注
			血液颜色	其他变化	
实验小鼠					
对照小鼠					

(二) 血液性缺氧 (hemic hypoxia)

1. 实验动物

小鼠 2 只，家兔 2 只。

2. 器材

小鼠缺氧瓶（100～125 mL 带塞的广口瓶，图 9-1），CO 发生装置（图 9-2），10 mL 试管，试管架，毛剪，乙醇棉球，一般解剖器械，电子秤，5 mL、10 mL、20 mL 注射器及针头等。

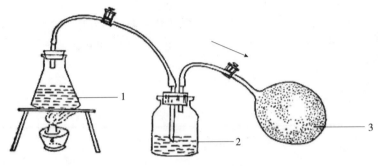

图 9-2　CO 发生装置
1. 含甲酸、浓硫酸的三角瓶　2. 浓硫酸瓶　3. 收集 CO 的皮球胆

3. 试剂

甲酸溶液，浓硫酸溶液，凡士林，2% 亚硝酸钠溶液，1% 亚甲蓝溶液等。

4. 操作与观察

（1）CO 中毒性血液性缺氧：取小鼠 1 只放入小鼠缺氧瓶中，观察小鼠的一般状况，方法同低张性缺氧。

制备一氧化碳：将 15 mL 甲酸溶液和 10 mL 浓硫酸溶液放入三角烧瓶内稍加热，注意塞紧瓶口，通气管接浓硫酸瓶，吸去水分后再连接皮球胆收集一氧化碳（图 9-2）。

$$HCOOH \xrightarrow{\text{浓硫酸}} H_2O + CO \uparrow$$

按图 9-3 所示，将广口瓶、装有水的三角烧瓶和一氧化碳球胆连接好，注意塞紧瓶口，可涂少许凡士林防止一氧化碳泄漏。缓缓旋松球胆处的弹簧夹，将一氧化碳通入含水的三角烧瓶内，速度控制在每分钟产生 15 个气泡为宜。关闭广口瓶上的弹簧夹，密切观察小鼠的活动和各项指标的变化，直至动物死亡。

剖检死亡小鼠和健康对照小鼠，对比观察血液颜色的改变和其他脏器的颜色变化。

（2）亚硝酸钠中毒性缺氧：取 2 只白色家兔称体重，观察记录其活动状况，呼吸频率，可视黏膜、口唇颜色及耳壳颜色。

甲兔腹腔注射 2% 亚硝酸钠溶液（按每千克体重 3.5 mL），观察记录注射完的时间和上

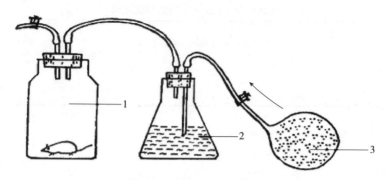

图 9-3　小鼠 CO 中毒装置

1. 小鼠缺氧瓶　2. 含水三角烧瓶　3. 装有 CO 的皮球胆

述各项指标出现的时间及表现。用 10 mL 注射器取 2～4 mL 的血液，观察并记录血液颜色的改变，待动物死亡后，记录存活时间，并进行剖检，注意观察记录肝、肺等器官的颜色变化。

乙兔注射 2‰亚硝酸钠溶液之后立即从耳缘静脉注射 1‰亚甲蓝溶液 2～5 mL，观察记录该兔各项指标与甲兔有何不同之处，比较两只兔的存活时间有无差异。

5. 结果分析

将观察的结果记入表 9-2。

表 9-2　血液性缺氧观察记录表

	体重/g	呼吸频率/(次/min)	呼吸状态	皮肤、黏膜色彩	尸体剖检		备注
					血液颜色	其他变化	
一氧化碳中毒							
亚硝酸钠中毒							

（三）组织性缺氧（histogenous hypoxia）

1. 实验动物

家兔 2 只。

2. 器材

10 mL 试管，试管架，毛剪，乙醇棉球，一般解剖器械，电子秤，50 mL 注射器及针头等。

3. 试剂

0.04‰氰化钾溶液。

4. 操作与观察

（1）取 1 只白色家兔称体重，观察记录其活动状况，呼吸频率，可视黏膜、口唇颜色及耳壳颜色。

（2）用 50 mL 注射器吸取 0.04‰氰化钾，按每千克体重 20 mL 进行腹腔注射。

（3）观察记录注射完的时间和上述各项指标出现的时间及表现。用 10 mL 注射器取 2～4 mL 的血液观察记录血液颜色的改变，待动物死亡后，记录存活时间，并进行剖检，注意观察并记录肝、肺等器官的颜色变化。

5. 结果分析

将各项结果记入表 9-3。

表 9-3　组织性缺氧观察记录表

	体重/g	呼吸频率/ （次/min）	存活时间/ min	皮肤、 黏膜色彩	尸体剖检		备注
					血液颜色	其他变化	
注射氰化钾前							
注射氰化钾后							

三、作业

根据实验结果分析外环境性缺氧、血液性缺氧及组织性缺氧发生的机理及对机体的影响。

（么宏强　杨　磊）

实验十

发　热

一、实验目的

发热（fever）是指动物在内外源性致热原作用下，使体温调节中枢的体温调定点升高而引起的体温变化过程。通过复制内生性致热原引起发热的动物模型，观察家兔内生性致热原引起发热过程中的体温变化规律，加深对发热发生机理的理解。同时观察内生性致热原的耐热性。

二、实验内容

兔内生性致热原引起的发热。

（一）实验动物

健康白色家兔 3 只，要求品种、性别一致，体重 2.0～2.5 kg，体温 39.5 ℃以下。

（二）器材

电子秤，体温计，15 mL 注射器及针头，38 ℃恒温水浴装置，90 ℃恒温水浴装置等。

（三）试剂

液体石蜡，内生性致热原生理盐水溶液，生理盐水（0.9％氯化钠注射液）等。

（四）操作与观察

（1）取体重相近的家兔 3 只，用电子秤称重后分别测量直肠温度（注意：体温计插入前应涂少许液体石蜡，以免损伤肛门和直肠；插入深度要一致，以 5 cm 为宜；要求测量时间为 3～5 min；测温时，家兔不能被捆绑，否则测量的体温不准确，可用左手将家兔仰卧抱在怀中，右手持体温计测量）。

（2）甲兔由耳缘静脉注入经 38 ℃水浴 30 min 的生理盐水，每千克体重 5 mL，作为对照，记录注射时间；乙兔由耳缘静脉注入经 38 ℃水浴 30 min 的内生性致热原生理盐水，每千克体重 5 mL，记录注射时间；丙兔由耳缘静脉注入先经 90 ℃水浴处理 30 min 再经 38 ℃

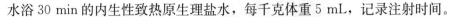

水浴 30 min 的内生性致热原生理盐水，每千克体重 5 mL，记录注射时间。

（3）注射完毕，每只兔每隔 10 min 测量体温一次，共测 6 次，并做好记录。

（4）以动物的初始体温为坐标原点，以注射完毕后体温测量的次数为横坐标，体温变化数值为纵坐标描绘体温变化曲线。

（五）结果分析

将测得的兔体温填入表 10-1。

表 10-1　实验兔体温记录表

初体温/℃	体温变化					
	第 1 次	第 2 次	第 3 次	第 4 次	第 5 次	第 6 次
甲兔						
乙兔						
丙兔						

三、作业

（1）结合实验结果分析讨论内生性致热原引起动物发热的机理。

（2）分析内生性致热原引起发热时体温的变化规律。

附：内生性致热原生理盐水溶液的制备

（1）取健康家兔 1 只称重。由耳缘静脉按每千克体重 1 mL 的量无菌注入 1‰肝素生理盐水溶液，在局部麻醉、无菌操作条件下经颈总动脉放血，收集全血。

（2）准确配制 100 μg 精制大肠杆菌内毒素生理盐水溶液。向收集的兔全血内按每 30 mL 血液 1 μg 内毒素的比例加入内毒素。

（3）将混合物置 38 ℃水浴振荡器中孵育 1 h，400g 离心 20 min，弃去血浆。加入等量生理盐水，再置 38 ℃水浴振荡器中培育 5 h。

（4）以 400g 离心 20 min，上清液即为本实验所用的内生性致热原生理盐水溶液，置 4 ℃冰箱内备用。

（么宏强）

实验十一

肿　瘤

一、实验目的

通过标本和切片观察，掌握畜禽乳头状瘤、纤维瘤、腺瘤、鳞状细胞癌、肝细胞癌、纤维肉瘤、黑色素瘤等的病理形态学特征，明确良性肿瘤与恶性肿瘤的基本区别，为肿瘤的病理学诊断奠定基础。

二、实验内容

1. 良性肿瘤

病变要点：

良性肿瘤与正常组织的界限明显，通常有包膜，肿瘤组织、瘤细胞的异形性小，呈膨胀性或外生性生长，不转移。

大体标本：

（1）乳头状瘤（papilloma）：标本取自牛子宫。

观察：在子宫内膜表面有数十个乳头状的突起，灰白色或灰褐色，表面粗糙，子宫切面未见瘤组织浸润。这是乳头状瘤的形象（二维码11-1）。

乳头状瘤是由皮肤或黏膜上皮发展来的良性肿瘤，牛较其他动物多见。

（2）鼻腔腺瘤（nasal adenoma）：标本取自山羊鼻腔。

观察：标本为一山羊的鼻腔，肿物位于左侧鼻腔后部，长 6 cm 左右，其根部与筛骨迷路黏膜相连，前部游离，灰白色，表面呈叶片状，肿物挤压筛骨，并侵及蝶骨（二维码11-2）。

（3）纤维瘤（fibroma）：标本取自骡。

观察：该肿瘤是生长在骡腹部皮下的纤维瘤，瘤体拳头大，圆球形，质地较硬，切面灰白色，具有不规则的纤维状条纹，有的区域尚被结缔组织分成大小不等的"小叶状结构"，瘤组织周围有明显的包膜（二维码11-3）。

（4）脂肪瘤（lipoma）：标本取自马肠系膜。

二维码 11-1
子宫内膜乳头
状瘤（牛）

二维码 11-2
鼻腔腺瘤
（山羊）

二维码 11-3
纤维瘤（骡）

二维码 11-4
脂肪瘤（马）

观察：在肠系膜上见一类圆球形、核桃大、灰黄色的脂肪样组织形成的肿物，肿物表面有光滑、半透明的膜包裹，肿物与肠系膜之间有蒂状结缔组织相连。这是在肠系膜形成的脂肪瘤（二维码 11-4）。

脂肪瘤是由脂肪组织发生的良性肿瘤，它与正常脂肪组织在形态上的不同之处在于脂肪瘤被结缔组织分隔为大小不同的小叶；脂肪瘤细胞大小不等，其成熟度也较脂肪细胞差。

病理切片：

（1）乳头状瘤（papilloma）：标本取自牛皮肤。

观察：眼观皮肤病变部位呈菜花样突起，灰白色或灰褐色，表面粗糙。镜下见局部表皮鳞状上皮向外过度增殖生长，构成分支的乳头状突起，瘤细胞胞质略嗜碱性，核染色质比较丰富，瘤细胞形状与表皮各层正常细胞相似，基底层细胞排列整齐，无异形性，表层有明显的角化，

二维码 11-5
皮肤乳头状瘤
（牛，HE，100×）

突起的中央和基部为结缔组织和血管（图 11-1、二维码 11-5）。

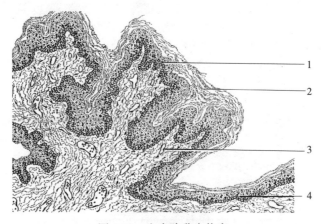

图 11-1　牛皮肤乳头状瘤
1. 向皮肤表面生长的乳头状瘤细胞　2. 角质层
3. 结缔组织和血管　4. 正常组织

皮肤乳头状瘤是由表皮鳞状上皮发展来的良性肿瘤，牛较其他动物多见。牛乳头状瘤是由乳头状瘤病毒的感染而引起。

（2）肝细胞腺瘤（hepatocellular adenoma）：标本取自牛肝。

观察：眼观牛肝内有一灰红色、较硬实的结节，有结缔组织包膜。镜检结节内瘤细胞与肝细胞相似，呈多边形，界限清楚，胞质红染，胞核圆形，大小较一致，核膜清楚，有核仁，无异形性，但瘤细胞不形成肝小叶结构，不像正常肝细胞那样呈放射状排列，而是呈短条索状或腺泡状排列，条索间有毛细血管，但没有汇管区和小胆管。此即牛肝细胞腺瘤的基本形态学特征（图 11-2）。肝细胞腺瘤是由肝细胞发展来的良性肿瘤。

（3）纤维瘤（fibroma）：标本同前述大体标本中纤维瘤。

观察：镜检瘤组织由纤维细胞和胶原纤维构成，细胞形态比较一致，均为长梭形，核呈长椭圆形，胶原纤维排列成束，方向不一，纵横交错，呈编织状，纤维瘤的间质不明显，只见一些小血管和疏松结缔组织（图 11-3、二维码 11-6）。纤维瘤是由纤维组织发生的良性肿瘤，常见于马、骡、牛、羊、犬、鸡等多种畜禽。

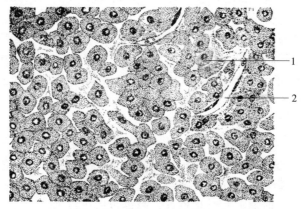

二维码 11-6
纤维瘤（骡，
HE，400×）

图 11-2　牛肝细胞腺瘤
1. 瘤细胞与肝细胞形态基本一致，呈多边形，排列为腺泡状　2. 瘤组织间质的小血管

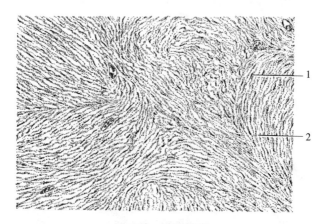

图 11-3　骡纤维瘤
1. 纤维瘤细胞呈长梭形，核呈长椭圆形
2. 胶原纤维粗细不均，排列不规则，相互编织

2. 恶性肿瘤

病变要点：

恶性肿瘤与正常组织的界限不明显，通常无包膜，肿瘤组织、瘤细胞的异形性明显，呈浸润性或弥散性生长，可形成转移瘤，并引起出血、坏死和感染等变化。

大体标本：

（1）鳞状细胞癌（squamous cell carcinoma）：标本取自牛。

观察：标本为患牛皮肤、肌肉和骨骼，标本表面皮肤肿胀、破溃糜烂，色彩污褐，这是肿瘤的原发部位。肿瘤所在部位的肌肉切面上，可见许多树枝状或条索状灰白色的新生物，向周围组织呈不规则的浸润性生长，与健康组织之间没有明显界限，侵及的范围大小不定，新生物已通过肌肉到达骨骼，可见髂骨内侧的骨膜粗糙不平，失去其固有光泽（二维码 11-7）。

二维码 11-7
鳞状细胞癌（牛）

鳞状细胞癌是动物常见的恶性肿瘤，最常发生于皮肤的鳞状上皮和有此细胞的黏膜（如口腔、食管、喉头、阴道、子宫颈等处黏膜），其他不属于鳞状细胞的组织（如鼻腔、支气管和子宫体等）在发生了鳞状上皮化生后，也可出现鳞状细胞癌。

（2）肺癌（lung cancer）：标本取自绵羊肺。

二维码 11-8
肺腺瘤（绵羊）

观察：标本为一绵羊肺，在肺的表面和切面均见有大小不等、灰白色的结节，结节病灶稍向表面隆起，周围无包膜，与正常肺组织无明显界限，肺肿胀变实，此即绵羊肺癌的眼观形象（二维码 11-8）。

绵羊肺癌习惯称为绵羊肺腺瘤，是由绵羊肺腺瘤病毒引起细支气管和肺泡壁上皮细胞转变为瘤细胞而形成。

（3）肉瘤（sarcoma）：标本取自脾。

二维码 11-9
淋巴肉瘤（马）

观察：脾表面有较多隆起的结节性病灶，切面见病灶分布均匀、直径 1～1.5 cm、圆形、灰红色鱼肉样。通过镜检，病灶由圆形细胞构成，细胞分化低、异形性明显，属转移性圆形细胞肉瘤（二维码 11-9）。

（4）黑色素瘤（melanoma）：标本取自马。

二维码 11-10
黑色素瘤（马）

观察：肌肉间见有数个大小不等的黑色肿块，肿块呈不正球形，外有一层灰白色薄膜包囊。有的肿块深埋肌肉之中，有的向肌肉断面凸出。这些大小不等的黑色肿块，即是黑色素瘤（二维码 11-10）。

黑色素瘤多见于老年白马，其他动物也可发生，原发灶多在口角、眼睑和肛门附近的皮肤，恶化时可通过淋巴道和血道转移至淋巴结、脾、肺、肝、心、肌肉等器官和组织。

病理切片：

（1）皮肤鳞状细胞瘤（cutaneous squamous cell carcinoma）：标本取自上述大体标本鳞状细胞癌。

二维码 11-11
鳞状细胞癌
（牛，HE，200×）

观察：镜检，病变部位皮肤失去原有结构，表面见中性粒细胞渗出和坏死细胞碎片，表皮细胞转变为癌细胞并向深部浸润生长形成癌巢。癌巢大小不等，形状不规则。癌细胞异形性比较明显。癌巢最外层的细胞（相当于表皮基底层）呈圆形或椭圆形，排列紧密，核大而浓染，核仁明显，核分裂象较多；逐渐向里，癌细胞呈多边形、圆形或扁平，也有分裂象；

癌巢中央，癌细胞发生角化并脱落，形成红染的轮层状小体，此称为癌珠。形成癌珠，说明癌细胞分化度较高，反之，缺乏癌珠的鳞癌说明其恶性程度较高。癌巢之间为间质，有残留的肌纤维，并见结缔组织、小血管和炎性细胞渗出（图 11-4、二维码 11-11）。皮肤鳞癌是由表皮鳞状上皮发展来的恶性肿瘤，可见于各种畜禽。

（2）鼻咽鳞状细胞瘤（nasopharyngeal squamous cell carcinoma）：标本取自猪鼻黏膜。

观察：眼观病猪鼻咽部黏膜粗糙、增厚，重者可形成结节状或菜花状肿块，颜色灰白，质脆。镜检见鼻咽黏膜被覆上皮鳞状化生，基底细胞增生、转变为癌细胞并向内浸润生长，癌细胞大小不等，界限不清，胞核呈圆形、椭圆形或梭形，核膜深染，核内染色质呈粗颗粒状，多少不等，一般有核仁，可见核分裂象，异形性较明显。癌细胞排列成不规则的条索状或团块状，有时形成癌巢和癌珠，间质有少量炎性细胞浸润。鼻咽癌是由鼻咽部黏膜被覆上皮发展来的恶性肿瘤，常见于猪和牛等动物。

（3）肝细胞癌（hepatocellular carcinoma）：标本取自牛肝。

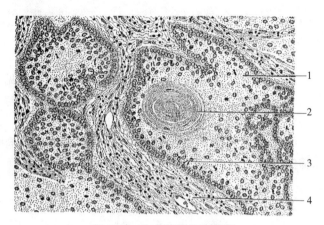

图 11-4　牛皮肤鳞状细胞癌
1. 癌巢　2. 癌珠　3. 细胞核分裂象　4. 间质

　　观察：眼观肝肿大，表面及切面见有大小不等的灰白色结节状肿物。镜检病变部位的肝组织已被肿瘤组织取代，失去原有结构形象。癌细胞大小不等，一般比正常肝细胞大，呈多边形、立方形或低柱状，胞质丰富，微嗜碱性，胞核一般较大，呈圆形或椭圆形，核异形性明显，核膜深染，核染色质浓淡不一，多少不等，呈粗颗粒状或粗网状，核仁大而明显，常见核分裂象、双核细胞和瘤巨细胞。肿瘤细胞排列成不规则的腺泡状或方向紊乱的条索状，条索厚薄不等，可由数层细胞组成，条索之间有毛细血管及内皮细胞。此即牛肝细胞癌的基本形态学特征（图 11-5）。肝细胞性肝癌是由肝细胞发展来的恶性肿瘤，常见于牛、猪、鸭、鸡等动物。

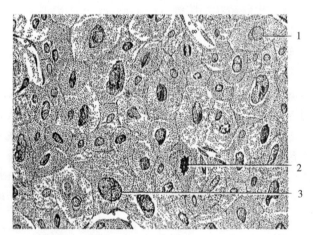

图 11-5　牛肝细胞癌
1. 癌细胞大小不等，核大，核仁明显　2. 核分裂象
3. 体积巨大的瘤巨细胞

　　（4）纤维肉瘤（fibrosarcoma）：标本取自骡。
　　观察：标本取自骡腋部皮下，结节状，灰白色。镜检见瘤细胞稠密，多呈束状或相互交错排列。胞核形状大小不一，有梭形、椭圆形、圆形、不正形，核仁明显，核分裂象较多，有较多的瘤巨细胞，异形性明显。瘤细胞间有少量胶原纤维（图 11-6、二维码 11-12）。

二维码 11-12
纤维肉瘤
（骡，HE，400×）

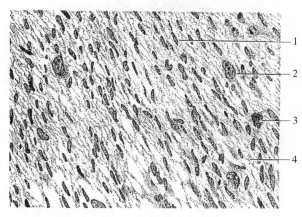

图 11-6　骡纤维肉瘤
1. 纤维肉瘤细胞　2. 瘤巨细胞　3. 核分裂象　4. 胶原纤维

二维码 11-13
黑色素瘤（马，
HE，400×）

（5）恶性黑色素瘤（malignant melanoma）：标本取自马。

观察：眼观肺表面形成结节状肿块，切面有类圆形、黑色结节，肿物与周围组织包膜不明显。镜检肿块主要是由成黑色素细胞构成，瘤细胞多呈圆形、椭圆形或梭形，细胞大小不等，胞质淡红染，部分细胞质内有数量不等的棕褐色黑色素颗粒。胞核呈圆形或椭圆形，大小不等，染色较深，有时可被黑色素颗粒完全遮盖，核分裂象多。瘤细胞排列不规则，间质不明显，很少见到血管（图 11-7、二维码 11-13）。

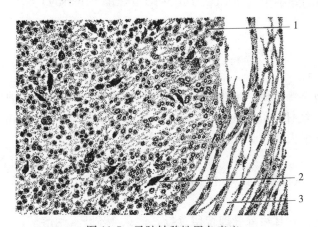

图 11-7　马肺转移性黑色素瘤
1. 瘤细胞呈圆形、椭圆形或梭形　2. 含有大量黑色素颗粒的瘤细胞
3. 瘤组织周围肺组织受压迫萎陷

三、作业

（1）描述大体标本的病理变化。

（2）绘制镜检切片的病理变化图，并注明病变位置和简要描述病变特征。

（王凤龙）

心血管系统病理

一、实验目的

通过观察严重肺栓塞时右心阻力负荷增加对心功能的影响，以及心内膜炎、心肌炎、心包炎和血管炎的病变特征，加深对心功能不全发病机理的理解，并分析心血管系统病理变化的发生发展过程和对机体的影响。

二、实验内容

（一）兔急性心功能不全（acute cardiac insufficiency）

1. 实验动物

健康家兔，体重 2.0～2.5 kg/只。

2. 器材

剪毛器，眼科剪，普通镊，结扎线，手术刀，止血纱布，手术剪，医用胶布，止血钳，乙醇棉球，牙科镊，烧杯，2.5 mL 和 5 mL 注射器，留置针，手术台，动脉夹，电子秤，水浴锅，电子天平（最大量程 100 g），生理多导仪等。

3. 药品

1%肝素钠溶液，液体石蜡，3%戊巴比妥钠溶液等。

4. 操作与观察

（1）家兔称重后，在耳缘静脉埋置留置针，注入 1%肝素钠溶液，再从留置针注入 3%戊巴比妥钠溶液进行麻醉。把家兔仰卧保定在手术台上，颈部剪毛。

（2）用手术刀等进行颈部手术，分离颈总动脉。

（3）做动脉插管，并连接生理多导仪，待动物安静稳定 5 min 后，测量并记录各项指标（包括心率、舒张压、收缩压和呼吸频率等）。

（4）复制急性肺栓塞及心功能不全。从耳缘静脉每隔 5 min 缓慢注射液体石蜡，0.5 mL/次，直至家兔死亡，每次注射 5 min 后观察和记录前述各项指标。

（5）家兔死后对其尸检，观察右心室以及肝形态和颜色的变化。

5. 结果分析

将各项结果记入表 12-1。

表 12-1　心功能不全实验结果记录表

	心率	舒张压	收缩压	呼吸频率
实验前				
第一次注射液体石蜡 0.5 mL				
第二次注射液体石蜡 0.5 mL				
第三次注射液体石蜡 0.5 mL				
第四次注射液体石蜡 0.5 mL				

（二）病变观察

病变要点：

（1）心内膜炎：心内膜炎主要发生于心瓣膜，根据损伤程度分为疣状心内膜炎和溃疡性心内膜炎，病变多发于瓣膜血流面的游离缘，在瓣膜上出现灰黄色或灰红色疣状赘生物，严重时形成溃疡、穿孔或菜花样赘状物。赘生物主要成分是白色血栓，时间较长时肉芽组织增生机化血栓，血栓表面可继发细菌感染。

（2）心包炎：浆液性心包炎在心包腔有大量浆液渗出；纤维素性心包炎在心包内有心外膜上附着的大量纤维素，有时形成"绒毛心"；增生性心包炎在心外膜出现较厚增生物，形成"盔甲心"；创伤性心包炎在心包内聚积多量浆液、纤维素和脓性物，腐败菌感染时导致渗出物腐败分解，色彩污绿、有恶臭味。

（3）心肌炎：心肌炎的心常色彩不均，质地变软，表面和切面出现灰白色或灰黄色斑纹状和条索状，形似虎皮的斑纹，因此称"虎斑心"。镜检，见心肌纤维不同程度变性和坏死，淋巴细胞、浆细胞和巨噬细胞渗出和增生。

（4）脉管炎：炎症部位血管膨大，血管管壁程度不同地增厚，内膜面凸凹不平，可见出血、坏死和血栓形成。

大体标本：

（1）心内膜炎（endocarditis）：标本取自慢性猪丹毒病例心。

观察：纵切左心，可见二尖瓣瓣膜的心房面和腱索上有小米大、蚕豆大凸凹不平的黄白色核桃皮样的赘生物，这是在二尖瓣炎症过程中瓣膜内皮损伤脱落而形成大小不等的溃疡的基础上，形成疣状或菜花状的血栓，通过反复感染和机化所形成的溃疡性心内膜炎的形象（图 12-1、二维码 12-1）。

二维码 12-1
溃疡性心瓣膜炎（猪）

疣状心内膜炎和溃疡性心内膜炎都是在变态反应性炎症的基础上发展来的，在瓣膜上常形成血栓，因此也称为血栓性心内膜炎。溃疡性心内膜炎瓣膜损伤严重，溃疡面积大，而且常有细菌感染。

（2）纤维素性心包炎（fibrinous pericarditis）：标本取自猪肺疫病例心和心包。

观察：心包已被切开，可见整个心外膜失去其固有的光泽，心表面覆盖一层厚薄不等的灰白色松软的绒毛状或絮片状纤维素性渗出物，表层渗出物尚未机化，易于剥离，深层已被机化，不易剥离，此病变称为"绒毛心"（图 6-3、二维码 12-2）。

二维码 12-2
纤维素性心包炎（猪）

猪肺疫时，由于小血管壁受损，引起纤维素渗出，导致纤维素性心外膜炎，由于病程较久，所以近心外膜的渗出纤维素已被机化。

（3）增生性心外膜炎（proliferative epicarditis）：标本取自牛结核病病例心。

观察：心纵切面可见心包、心肌、血管和冠状沟与纵沟脂肪组织。在心外膜与心包膜之间出现一层厚2～4 cm的增生物，其中大部分是灰黄色、大小不等的结节状集团。这是在结核杆菌作用下所形成的大量的质地硬实的增生性结核结节，结节中心为干酪样坏死，周围为特殊性肉芽组织，再外围为普通肉芽组织包膜。这些质地硬实的增生物占据了心包腔，使心包腔变实，整个心好像穿上一层厚厚的盔甲，故又称"盔甲心"（二维码12-3）。

二维码 12-3
结核性增生性
心包炎（牛）

（4）牛创伤性心包炎（traumatic pericarditis）：标本取自死于创伤性心包炎的牛心。

观察：两侧心包各切除一块，可见心包与心外膜之间出现大量灰粉色纤维素性渗出物，有的机化，有的尚未机化，说明炎症早已开始，而且还在继续发展。因而使心包膜增厚，心外膜也几乎完全被病理产物覆盖。这是异物损伤心包膜和病原感染所引起的创伤性心包炎。在牛采食时，饲草料中的铁钉和短铁丝等异物被吞入瘤胃，再到网胃，异物随网胃的蠕动穿透胃壁、横膈膜和心包膜，引起心包膜壁层和脏层（心外膜）的损伤和感染，因而出现大量浆液、纤维素和炎性细胞渗出（图12-2、二维码12-4）。

二维码 12-4
创伤性心
包炎（牛）

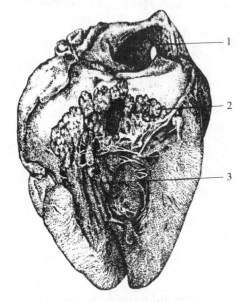

图12-1 猪丹毒溃疡性心内膜炎
1. 左心房　2. 二尖瓣心房面上附着的菜花样赘生物
3. 左心室

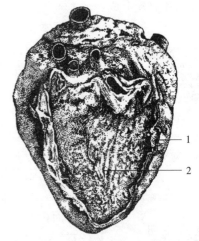

图12-2 牛创伤性心包炎
1. 心包膜壁层表面不均匀增厚，附着纤维素性渗出物　2. 心包膜脏层（心外膜）表面凸凹不平，附着厚层的絮状的纤维素性渗出物

（5）心肌炎（myocarditis）：标本为死于口蹄疫羔羊的心。

观察：在左心室心外膜下见数个黄白色斑点状或条纹状病灶，即心肌蜡样坏死灶。病变严重时黄白色坏死的心肌与红色相对健康的心肌相间存在，呈虎皮样纹理，因此称变质性心肌炎的心为"虎斑心"。

二维码 12-5
慢性动脉炎
（马）

（6）动脉炎（arteritis）：标本取自马的一段前肠系膜动脉。

观察：外观动脉壁的一部分膨大呈肿瘤样，切面可见动脉管壁肥厚，内膜粗糙不平，其表面有血栓形成。此标本马前肠系膜动脉炎是由马普通圆线虫幼虫寄生所引起，有时在发炎的血管壁或血栓中可见幼虫虫体（二维码 12-5）。

病理切片：

（1）心瓣膜炎（valvulitis）：切片标本取自患慢性猪丹毒猪的心。

说明：眼观心横径增宽，左心二尖瓣的心房面上长满菜花样赘生物（白色血栓），赘生物表面干燥易碎，深部与瓣膜连接牢固（机化），瓣膜固有形象消失。

二维码 12-6
溃疡性心
内膜炎（猪，
HE，400×）

观察：低倍镜下浏览切片全貌，可见瓣膜心房面有较大的赘生物附着，此为本片观察的重点。按从瓣膜到赘生物表面的顺序进行观察，此组织可分为五层结构，第一层为瓣膜，由致密结缔组织构成；第二层为赘生物基部与瓣膜连接处，主要为成熟的肉芽组织，主要成分为纤维细胞和红染的胶原纤维；第三层为伴有大量中性粒细胞和部分巨噬细胞浸润的肉芽组织，富含丰富的新生毛细血管和成纤维细胞；第四层为不太明显的炎症反应带，有炎性细胞浸润和组织坏死；第五层为赘生物表层，由粉红染的未被机化的同质化血栓、坏死产物和蓝紫色粉末样的细菌团块构成（图 12-3、二维码 12-6）。

图 12-3　猪溃疡性心内膜炎
1. 同质化血栓　2. 细菌团块　3. 血栓与肉芽组织之间的炎性反应带
4. 肉芽组织　5. 成熟的肉芽组织

小结：瓣膜性心内膜炎主要特征为瓣膜表面内皮细胞损伤脱落，其表面逐渐形成血栓，血栓被来自瓣膜的肉芽组织不断机化，使血栓与瓣膜紧密联系。病变多见于细菌引起的疾病，如猪丹毒和猪链球菌病。

（2）心肌炎：标本取自犊牛口蹄疫病例心。

观察：低倍镜下浏览切片，可见心肌组织出现局灶性深染的病变区域；高倍镜下观察，见心肌纤维发生凝固性坏死，坏死的心肌纤维呈不均匀的红色团块状，有的坏死心肌纤维断裂，有的趋于溶解（色彩变淡）或消失，在有些严重坏死的心肌纤维上，可见蓝紫色颗粒状的钙盐沉着现象。在心肌坏死灶内和附近的心肌纤维间质，特别是小动脉周围可见大量的淋巴细胞和少量的浆细胞及巨噬细胞增生和浸润（图 6-1、二维码 12-7）。

二维码 12-7
坏死性心肌炎
（牛，HE，200×）

小结：在口蹄疫病毒的作用下，可引起心肌变性、坏死和溶解，继而在细胞崩解产物和病毒作用下，可促使淋巴细胞、浆细胞和巨噬细胞增生和浸润，形成严重的变质性心肌炎的病理变化。

三、作业

（1）结合实验结果分析心率、舒张压、收缩压和呼吸频率变化的机制。

（2）结合实验结果分析右心室及肝形态和颜色的变化机理。

（3）描述大体标本的病理变化。

（4）绘制镜检切片的病理变化图，并注明病变位置和简要描述病变特征。

（王金玲）

实验十三

造血和免疫器官病理

一、实验目的

通过观察标本，认识急性炎性脾肿、坏死性脾炎、增生性脾炎、出血性淋巴结炎、坏死性淋巴结炎、增生性淋巴结炎和骨髓炎的病理变化，分析眼观病变形成的组织学基础以及与疾病发生的联系。

二、实验内容

病变要点：

（1）急性炎性脾肿：脾明显肿大，暗紫色或黑红色，切面血量多。镜检，脾组织充血、淤血和出血明显，淋巴细胞和网状细胞坏死，白髓淋巴细胞减少、疏松，脾髓中渗出物和坏死组织形成大小不一的病灶。

（2）坏死性脾炎：脾不肿大或微肿，表面或切面见坏死灶。镜检，脾散在分布坏死灶，病灶内见核浓缩、核破碎和核溶解现象，淋巴细胞和网状细胞明显减少。

（3）增生性脾炎：脾不同程度肿大，被膜增厚，质地变硬实，切面色彩变淡。镜检，淋巴细胞和巨噬细胞增生，白髓增大，细胞增多。

（4）出血性淋巴结炎：淋巴结肿大、色彩变红，有的切面呈红白相间的大理石样外观，出血严重时呈血肿样或大枣样外观。镜检，见淋巴窦或淋巴小结内大量红细胞渗出，同时伴有浆液、炎性细胞渗出和淋巴细胞坏死。

（5）增生性淋巴结炎：淋巴结肿大，表面或切面不平整，质地坚硬。镜检，淋巴细胞和巨噬细胞增生，淋巴小结增大，炎症后期结缔组织增生，淋巴结纤维化。

大体标本：

（1）急性炎性脾肿（acute inflammatory splenectasis）：标本取自患急性猪丹毒猪的脾。

观察：脾高度肿胀，被膜紧张，边缘钝圆，脾髓质软，呈黑红色，切面隆起且富含血液，白髓和小梁形象不清（图 13-1、二维码 13-1）。

这些变化主要是脾充血、淤血和出血引起。

（2）坏死性脾炎（necrotizing splenitis）：标本取自患猪瘟猪的脾。

二维码 13-1
急性炎性
脾肿（猪）

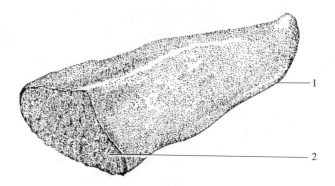

二维码 13-2
坏死性脾炎（猪）

图 13-1　急性炎性脾
1. 脾体积增大，被膜紧张，边缘增厚　2. 切面隆起，白髓不明显

观察：脾稍肿大，质地较软，在脾边缘被膜下见绿豆大至黄豆大紫红色斑块（图 1-9、二维码 13-2）。

这些变化是猪瘟时脾的出血性梗死灶。

（3）增生性脾炎（proliferative splenitis）：标本取自患马传染性贫血马的脾。

观察：脾体积稍增大，边缘变钝，质地变实，切面平整，含血量较少，白髓形象明显，密度增加（二维码 13-3）。

这些变化主要是淋巴细胞和网状细胞增生引起。

二维码 13-3
增生性脾炎
（马）

（4）出血性淋巴结炎（hemorrhagic lymphadenitis）：标本取自猪瘟病例的淋巴结。

观察：淋巴结肿大，表面暗红，切面出现暗红色和灰白色相间的纹理，呈大理石样变（图 1-14、二维码 13-4）。

这些变化是猪瘟时淋巴结出血所致。

二维码 13-4
出血性淋巴
结炎（猪）

（5）增生性淋巴结炎（proliferative lymphadenitis）：标本取自患马传染性贫血马的淋巴结。

观察：标本为空肠淋巴结，外观淋巴结呈灰白色、椭圆形、鸽卵大，比正常马空肠淋巴结（蚕豆大或小指头大，扁平状）大；切面致密，皮质与髓质分界不清（二维码 13-5）。

这些变化是慢性马传贫时淋巴结的细胞增生导致。

病理切片：

（1）急性炎性脾肿（acute inflammatory splenectasis）：标本取自急性猪丹毒病例的脾。

二维码 13-5
增生性淋巴
结炎（马）

二维码 13-6
急性炎性脾肿
（猪，HE，40×）

观察：脾血量明显增多，表现小动脉、小静脉和脾窦扩张，充满红细胞；髓索与脾窦分界不明显，鞘动脉周围网状细胞变性和坏死，鞘疏松增厚；白髓明显缩小，细胞数量减少；脾组织中见大小不一的坏死灶，坏死灶中见细胞碎片及核浓缩、核破碎和核溶解细胞，坏死组织与渗出的浆液、纤维素和炎性细胞融合呈大小不等、形态不规则的病灶。被膜和小梁部分胶原纤维溶解，并见纤维细胞变性和坏死（图 13-2、二维码 13-6）。

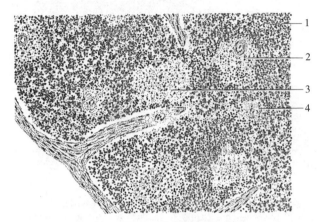

图 13-2　猪丹毒急性炎性脾肿

1. 红髓淤血、充血和出血，红细胞增多　2. 白髓体积变小，残留少量淋巴细胞和
网状细胞　3. 坏死组织与渗出物形成的病灶　4. 鞘动脉周围网状细胞疏松、坏死

二维码 13-7
坏死性脾炎
（猪）

（2）坏死性脾炎（necrotizing splenitis）：标本取自猪瘟病例。

观察：脾组织白髓数量减少、体积变小，白髓淋巴细胞和网状细胞减少，细胞疏松，见多量细胞碎片、核浓缩、核破碎和溶解现象。红髓鞘动脉周围和髓索网状细胞坏死、崩解，见大小不等、形态不规则的坏死灶，其中有细胞碎片、核碎片和渗出的浆液与纤维素等（二维码 13-7）。

（3）增生性脾炎（proliferative splenitis）：标本取自亚急性马传贫病例。

二维码 13-8
增生性脾炎
（马，HE，200×）

观察：白髓淋巴细胞增生，淋巴小结增大，淋巴细胞密集，部分白髓相互融合，淋巴小结生发中心有少量核分裂象；髓索淋巴细胞和网状细胞增生，髓索增宽，髓窦狭窄，鞘动脉周围网状细胞增生、鞘增厚；被膜增厚，小梁变粗（二维码 13-8）。

（4）出血性淋巴结炎（hemorrhagic lymphadenitis）：标本取自猪繁殖与呼吸综合征病例。

二维码 13-9
出血性淋巴结炎
（猪，HE，200×）

观察：淋巴结皮质窦、周围淋巴组织有大量红细胞渗出，髓质淋巴小结中也有红细胞散在渗出；同时可见淋巴小结中淋巴细胞散在坏死，淋巴细胞减少，淋巴小结生发中心不明显，有多量细胞碎片、核碎片（二维码 13-9）。

（5）坏死性淋巴结炎（necrotic lymphadenitis）：标本取自急性猪弓形虫病病例。

观察：淋巴小结、周围淋巴组织和淋巴窦中均见大小不等的小坏死灶，其中原有的细胞崩解为细胞碎片和核碎片，并见数量不等的嗜酸性粒细胞、中性粒细胞浸润以及渗出的浆液和纤维素，偶尔可以见到速殖子原虫。被膜及小梁疏松肿胀或溶解，其中有程度不同的充血、出血和水肿，间有少量巨噬细胞存在（图 13-3、二维码 13-10）。

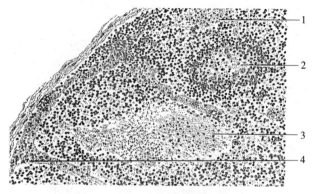

二维码 13-10
坏死性淋巴
结炎（猪，
HE，200×）

图 13-3　猪弓形虫病坏死性淋巴结炎

1. 坏死灶细胞破碎，浆液、纤维素和嗜酸性粒细胞渗出
2. 淋巴小结细胞减少，体积变小　3. 淋巴窦出血、水肿，并见少量
巨噬细胞　4. 被膜及小梁水肿、充血、出血和炎性细胞渗出

（6）增生性淋巴结炎（proliferative lymphadenitis）：标本取自慢性猪瘟病例。

观察：淋巴结小静脉扩张、充满大量红细胞，血管外见少量红细胞；淋巴细胞和网状细胞增生明显，淋巴小结增大、淋巴细胞密集，生发中心明显，见少量淋巴细胞和网状细胞核浓缩或核破碎颗粒。

（7）急性骨髓炎（acute osteomyelitis）：标本取自马传染性贫血病例。

观察：骨髓密度降低，各细胞系（红细胞系、粒细胞系、单核细胞系、巨核细胞系）发生严重坏死，坏死细胞核浓缩、破碎或溶解，并见细胞碎片。各系发育早期的幼稚细胞相对较多，后期将近成熟的细胞显著减少，偶见细胞核分裂象（图 13-4、二维码 13-11）。

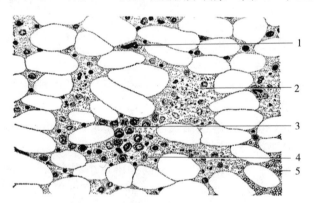

二维码 13-11
坏死性骨髓炎
（马，HE，
200×）

图 13-4　马传染性贫血急性骨髓炎

1. 巨核细胞坏死，核浓缩　2. 各系髓细胞坏死崩解
3. 幼稚髓细胞较多，见核分裂象　4. 成熟的单核细胞
5. 红细胞渗出（出血）

三、作业

（1）描述大体标本的病理变化。

（2）绘制镜检切片的病理变化图，注明组织结构名称和病变位置，并简要描述病变特征。

（刘永宏）

实验十四

呼吸系统病理

一、实验目的

通过呼吸功能不全动物模型的复制，观察动物呼吸、血压及血气分析指标的动态变化，认识和掌握呼吸功能不全基本发病机理和对机体的影响。通过对相关标本和病理切片的观察，了解和掌握支气管性肺炎、纤维素性肺炎（大叶性肺炎）、间质性肺炎、肺气肿和肺萎陷的病理变化特点，分析这些变化发生的原因、机理以及对动物机体产生的影响和结局。

二、实验内容

(一) 实验性呼吸功能不全 (experimental respiratory insufficiency)

1. 实验动物

健康家兔，体重 2.0～2.5 kg。

2. 器材

止血纱布，医用胶布，乙醇棉球，烧杯，注射器（1 mL、2 mL、10 mL、50 mL），针头（6 号、9 号、16 号），手术台，外科剪，眼科剪，外科手术刀，有齿镊，无齿镊，止血钳，毛剪，骨钳，10 mL 注射器，大磁盘（放器材用），小磁盘（放组织用），软木塞，电子秤（最大量程 5 kg），血气分析仪（Compact-3），呼吸血压描记器，电子天平（最大量程 100 g）等。

3. 试剂

1% 普鲁卡因溶液，肝素生理盐水（1 000 IU/mL），生理盐水，10% 葡萄糖溶液等。

4. 操作与观察

（1）家兔称重后，仰卧保定于手术台上。

（2）颈部剪毛消毒，采用 1% 普鲁卡因局部麻醉，然后用手术刀切开颈部正中皮肤，分离出气管，并插入气管套管，其一端接以呼吸描记装置，记录呼吸，描记一段正常呼吸曲线；另一端装上一长 4～5 cm 的乳胶管。

（3）分离一侧颈总动脉，结扎离心端，向心端插入一充满抗凝剂的动脉插管，连接血压描记装置，记录血压，描记一段正常血压曲线。

（4）采用耳中动脉隔绝空气抗凝采血 1 mL，进行血气分析。

（5）采用止血钳将 Y 形气管插管上端侧管所套乳胶管夹闭 2/3 或在完全夹闭的乳胶管上插 2 根 9 号针头，以造成家兔的不全窒息，即复制上呼吸道不全阻塞模型，8～10 min 后取动脉血进行血气分析并观察机体呼吸和血压的变化。

（6）放开止血钳 10 min，待动物呼吸和血压恢复正常后，在家兔右胸第 4～5 肋间插入一根 16 号针头，造成右侧气胸（复制气胸模型），5～10 min 后，取动脉血进行血气分析，同时观察呼吸和血压的变化。然后，再采用 50 mL 注射器将胸腔内空气抽尽，拔出针头，立即在针孔处涂抹凡士林，防止漏气。

（7）等待 10～20 min，待家兔呼吸和血压恢复正常。当恢复后，将兔头端手术台抬高，采用 2 mL 注射器吸取 10% 葡萄糖溶液 1～2 mL（按动物大小取量），将针头插入气管，缓慢匀速注入葡萄糖，造成渗透性肺水肿（复制肺水肿模型），5～10 min 后，放平手术台，取动脉血进行血气分析，并观察呼吸和血压变化。

（8）上述实验结束后，用止血钳将气管插管上的乳胶管完全夹闭，直至家兔死亡。临死前，取家兔动脉血进行血气分析，并观察、记录呼吸和血压的变化。

（9）家兔死亡后，进行尸体剖检，打开胸腔，观察肺、心等脏器病理变化。将所有检测和观察结果记录在表 14-1 中。

表 14-1　实验结果记录表

项目	呼　吸		血压/kPa	P_{O_2}/kPa	pH	P_{CO_2}/kPa
	数量/（次/min）	幅度				
实验前						
不全阻塞						
气胸						
肺水肿						
窒息						
剖检所见						

注意事项：①进行血气分析的血液切忌与空气接触，如针管中有少量小气泡，要立即排出，以免影响实验结果；②在气胸实验结束后，胸腔内的空气一定要抽尽，待动物呼吸恢复正常后再进行后续实验；③在复制肺水肿实验时，气管内滴葡萄糖溶液的速度一定要慢，通常 1～2 mL 葡萄糖在 5 min 内滴完为宜。

（二）病变观察

病变要点：

（1）支气管肺炎：主要见于尖叶、心叶和膈叶前下部，呈灰红色实变，每个病灶以肺小叶范围分布，有时扩大融合。镜下，病变部支气管与周围肺泡内有浆液、中性粒细胞等渗出物。

（2）纤维素性肺炎：以肺泡内有大量纤维素渗出为特征。炎症侵犯一个大叶，甚至一侧肺或全肺。眼观病灶变实如肝，即发生肝变，病变部位色彩不一，间质增宽，常呈大理石样变。镜检，肺泡与间质纤维素渗出，淋巴管扩张，淋巴栓形成。

（3）间质性肺炎：常始发于肺泡壁和肺泡间质，随后可波及小叶间、支气管与血管周围的结缔组织。眼观肺肿胀，质地变实如胰腺，即呈胰腺样变。镜检见肺泡壁Ⅱ型细胞增生，间质淋巴细胞、巨噬细胞等增生。

（4）肺气肿：因含气体增多而肺体积膨大，肺泡内空气含量增多为肺泡性肺气肿，当肺泡破裂，空气进入间质，造成间质性肺气肿。

（5）肺萎陷：肺泡内空气含量大大减少，肺泡呈瘪陷状态。

大体标本：

（1）支气管性肺炎（bronchopneumonia）：标本取自巴氏杆菌病（猪肺疫）猪的肺。

观察：肺程度不等淤血、水肿。支气管肺炎区多位于尖叶、心叶和膈叶前下部，病变为一侧性或两侧性。发炎部肺组织肿胀，质地变实，呈灰红色、岛屿状散在（图14-1）。病灶周围有大小不等白色肺泡气肿区。肺切面也有散在的灰红或灰黄色病灶，稍微凸出切面，质地较实。部分病灶可互相融合成一片，呈较大范围的融合性支气管肺炎（二维码14-1）。

二维码 14-1 支气管性肺炎（猪）

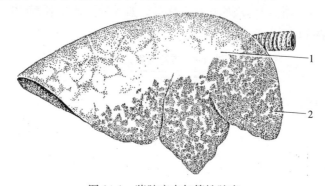

图 14-1 猪肺疫支气管性肺炎

1. 炎灶附近肺组织气肿、隆起 2. 尖叶、心叶和膈叶前下缘发生炎症

（2）纤维素性肺炎（fibrinous pneumonia）（大叶性肺炎）：标本取自牛肺疫病例的肺。

观察：肺体积变大，质地变硬，表面暗红或灰红色；切面有暗红、灰红、灰白等色彩不同的病变区，外观似多色性大理石样，呈"大理石样变"，这是由于不同部位的病变处于不同发展阶段。肺间质水肿、淋巴管扩张及淋巴栓形成，使肺间质明显增宽（图14-2、二维码14-2）。

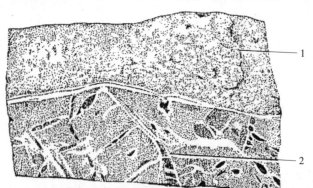

二维码 14-2 纤维素性肺炎（牛）

图 14-2 牛肺疫纤维素性肺炎

1. 肺胸膜增厚，表面附着一层纤维素性渗出物

2. 切面粗糙，质地变实，间质增宽

（3）间质性肺炎（interstitial pneumonia）：标本取自猪支原体肺炎（猪喘气病）病例的肺。

观察：肺叶高度肿大，被膜紧张，几乎充满整个胸腔，肺表面常见有肋骨压痕，肺呈淡红色或灰白色，切面湿润，按压时可从气管断面流出混浊的液体或混有血液的泡沫性液体，肺间质有程度不等气肿和水肿。在两侧肺尖叶、心叶、膈叶前部有散在性或融合性病变区，病灶质地实在，呈淡灰红色、灰黄色或斑驳色彩，有的外观如胰腺，即呈胰腺样变。

（4）肺气肿（emphysema）：标本取自羊肺线虫感染病例。

二维码 14-3
肺气肿（羊）

观察：肺体积膨大，充满整个胸腔，剖开胸腔时肺不塌陷。气肿肺颜色苍白（贫血），边缘钝圆，质地松软，表面有大小不等的凸起。由于肺组织弹性丧失，所以指压留压痕。切开时发出特殊的小爆裂声，切面干燥、平滑，呈海绵状或蜂窝状。局灶性肺气肿多位于炎灶或萎陷区的周围，尤以膈叶侧后缘表现明显；弥漫性肺气肿肺各部分均出现肿胀，本例属弥漫性肺气肿（二维码 14-3）。

（5）肺萎陷（collapse of lung）：标本取自牛压迫性肺萎陷病例的肺。

观察：肺切面见一个巨大的棘球蚴囊泡，周围肺组织受压呈瘪陷状态而发生萎陷。压迫性萎陷区与周围肺组织之间无明显分界线，由于血管同时受压，所以萎陷区色泽苍白。

二维码 14-4
支气管性
肺炎（猪，
HE，100×）

病理切片：

（1）支气管性肺炎（bronchopneumonia）：标本取自猪肺疫病例的肺。

观察：支气管、细支气管上皮细胞变性、坏死、脱落，管腔中有大量浆液性渗出物，并混有较多的中性粒细胞和脱落的上皮细胞。支气管壁固有层因充血、水肿、炎性细胞浸润而肿胀增厚；病变支气管周围的肺泡隔毛细血管充血，肺泡腔中充满浆液，其中混有较多的中性粒细胞和脱落的肺泡上皮细胞。支气管肺炎病灶周围的肺组织出现代偿性肺泡性肺气肿区（图 14-3、二维码 14-4）。

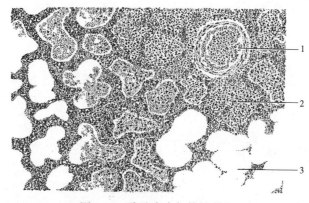

图 14-3 猪肺疫支气管性肺炎
1. 细支气管管腔有炎性渗出物和脱落的上皮细胞　2. 肺泡壁毛细血管充血，肺泡腔有大量炎性产物和脱落的上皮细胞　3. 炎灶周围肺泡扩张，出现代偿性肺气肿

（2）纤维素性肺炎（fibrinous pneumonia)（大叶性肺炎）：标本取自牛巴氏杆菌病病例。

观察：①肺小叶病变处于不同的发展时期：充血水肿期，肺泡隔毛细血管扩张充血，肺泡腔有大量浆液性渗出液，其中含有少量红细胞和中性粒细胞；红色肝变期，此期肺泡隔毛细血管仍然扩张充血，肺泡腔有大量丝网状的纤维素，其中混有红细胞、中性粒细胞、淋巴细胞及脱落的肺泡上皮细胞；灰色肝变期，此期肺泡隔毛细血管充血不明显或消退，肺泡腔有大量的丝网状红染的纤维素和中性粒细胞，红细胞溶解消失，肺泡腔中的纤维素可穿过肺泡孔而与相邻肺泡内的纤维素相连接。②间质与肺胸膜：小叶间质呈程度不等的炎性水肿、增宽，其中充满大量纤维素性渗出物及中性粒细胞。间质中淋巴管扩张，充满炎性渗出物，甚至淋巴管坏死。血管程度不等发炎，管腔有血栓形成，血管壁程度不等变性、坏死。胸膜表面附有纤维素及炎性细胞，胸膜下组织也程度不等炎性水肿，纤维素性渗出及中性粒细胞浸润使胸膜明显增宽。严重时，局部形成不规则坏死区（图14-4、二维码14-5）。

二维码14-5
纤维素性
肺炎（牛，
HE，200×）

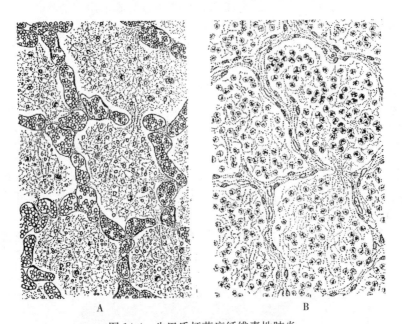

A   B

图14-4 牛巴氏杆菌病纤维素性肺炎

A. 红色肝变期：肺泡壁毛细血管扩张，肺泡腔有大量纤维素渗出，并见较多红细胞

B. 灰色肝变期：肺泡壁毛细血管充血减轻，肺泡腔有大量纤维素和中性粒细胞渗出

（3）间质性肺炎（interstitial pneumonia）：标本取自猪支原体肺炎（猪喘气病）病例的肺。

观察：细支气管与血管周围淋巴细胞大量增生，从而形成本病的特征性淋巴细胞管套与淋巴滤泡。细支气管呈收缩状态，管腔中有脱落的上皮细胞和淋巴细胞，黏膜固有层有渗出的淋巴细胞，黏膜增厚。肺泡隔增厚，淋巴细胞、巨噬细胞与结缔组织增生。肺泡上皮细胞肿大、增生呈立方形，肺泡腔有脱落的上皮细胞、淋巴细胞、巨噬细胞和多少不等浆液，部分浆液（蛋白）在气体的冲击下附着在肺泡壁，形成红染半透明的膜，即透明膜（图14-5、二维码14-6）。

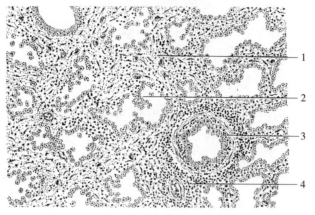

图 14-5　猪喘气病间质性肺炎

1. 肺泡间隔增宽，淋巴细胞、单核细胞渗出　2. 肺泡壁上皮细胞增生，呈立方形　3. 支气管上皮细胞增生　4. 支气管和小血管周围淋巴细胞增生

三、作业

（1）分析动物机体上呼吸道不全阻塞、闭合性气胸、肺水肿时，其血压、呼吸及血气分析指标的变化和发生机理。

（2）根据标本观察，描述支气管肺炎、纤维素性肺炎、间质性肺炎、肺气肿和肺萎陷的眼观病变特点。

（3）根据病理切片观察，绘制支气管肺炎、纤维素性肺炎、间质性肺炎病理变化图，并标注和描述各部位变化特点。

（贾　宁）

实验十五

消化系统病理

一、实验目的

观察急性中毒性肝损伤时，肝的生物转化障碍，通过测定血清中谷丙转氨酶的变化，分析肝损伤的程度。通过标本观察，认识纤维素性肠炎、出血性肠炎、增生性肠炎、急性肝炎、急性肝坏死和肝硬化的病理变化，分析其发生原因和机理，以及对机体的影响。

二、实验内容

（一）兔中毒性肝功能不全

1. 实验动物

家兔2只。

2. 器材

手术台，一般手术器械，血压描记装置，1 mL、5 mL、10 mL 注射器（带针头），试管架，10 mm×150 mm 试管，离心管，小磁盘，肝组织切片（四氯化碳中毒性肝损伤切片），显微镜，离心机，光电比色计，恒温水浴锅等。

3. 试剂

四氯化碳液体石蜡溶液（1∶1浓度），20％乌拉坦溶液，1％肝素溶液，1％普鲁卡因溶液，0.01％肾上腺素溶液等。

4. 操作与观察

（1）实验前1 d于甲兔背部皮下注射肝毒物四氯化碳（按四氯化碳液体石蜡溶液每千克体重6 mL 计算）。取乙兔以同样方法注射等剂量生理盐水。

（2）将甲、乙两兔分别保定于手术台上，在颈部和腹部剪毛、消毒，各用1％普鲁卡因溶液2～3 mL 于颈部、腹部手术部位皮下注射施行局部麻醉。待麻醉后颈部手术分离颈总动脉，连接好血压描记装置。切开腹壁做一长4～5 cm 的切口，打开腹腔引出一段小肠和肠系膜，以温生理盐水纱布覆盖备用。从耳缘静脉注射 1％肝素（按每千克体重0.2～0.3 mL），使动物肝素化。

（3）记录一段正常血压后，经甲兔耳缘静脉注入0.01％肾上腺素 0.2 mL，观察血压的变化。

（4）待血压恢复后，从肠系膜静脉注入 0.01%肾上腺素 0.2 mL，观察并记录此时血压的变化；在血压基本恢复时再以肠系膜静脉注射 0.8 mL 0.01%肾上腺素，观察并记录对比结果。

（5）记录一段未经注射四氯化碳的乙兔的正常血压，以甲兔的实验步骤和方法给乙兔注射肾上腺素，观察记录并对比注射途径不同，其血压变化有何不同，并与甲兔血压变化进行比较，分析其不同变化的机理。

（6）由耳缘静脉注入 4～6 mL 空气处死甲、乙两兔，剖开腹腔，取出肝，肉眼观察甲、乙两兔肝的形态，比较二者外观及色彩的不同，并进行分析讨论。

（7）显微镜观察四氯化碳中毒肝的组织切片，记录病理变化。

5. 结果分析

将上述血压变化结果填入表 15-1，并描绘血压变化曲线。

表 15-1　兔四氯化碳中毒观察记录表

项　目	甲兔血压/mmHg		乙兔血压/mmHg	
	注射前	注射后最高值	注射前	注射后最高值
耳缘静脉注射 0.2 mL 肾上腺素				
肠系膜静脉注射 0.2 mL 肾上腺素				
肠系膜静脉注射 0.8 mL 肾上腺素				

（二）病变观察

病变要点：

（1）纤维素性肠炎：分浮膜性肠炎和固膜性肠炎，浮膜性肠炎黏膜表面附着灰白色纤维素，易脱落，固膜性肠炎渗出的纤维素和坏死的黏膜在黏膜面上结成污灰色糠麸样物，牢固附着在溃烂的黏膜上，不易脱落；出血性肠炎在肠黏膜形成出血点或出血斑，也可呈弥漫性出血；增生性肠炎的肠黏膜增厚，黏膜面出现皱褶，固有层巨噬细胞和淋巴细胞增生。

（2）急性肝炎：肝肿大，质地变脆，色彩红黄或灰黄，有时伴有不同程度出血。急性肝坏死：肝肿大，质脆易碎，镜检见肝细胞明显变性和坏死。肝硬化：肝变小变硬，结缔组织大量增生，形成大小不等、形态不规则的假小叶。

大体标本：

（1）纤维素性肠炎（fibrinous enteritis）：

标本 1：浮膜性肠炎，取自副伤寒病例的肠道。

观察：肠黏膜表面形成淡黄色或灰白色凝固的纤维素性伪膜，揭除伪膜可见肠黏膜充血、水肿，并有小出血点。肠内容物稀薄、含有纤维素碎片，肠壁淋巴滤泡发生肿胀。

标本 2：固膜性肠炎，取自猪瘟病例的肠道。

观察：见实验六图 6-4 及相关内容。

（2）出血性肠炎（hemorrhagic enteritis）：标本取自患急性密螺旋体性痢疾猪的大肠。

观察：病变主要在结肠和盲肠，也见于空肠后段与回肠，但病变较轻。肠内容物为液体或稀糊状，因混有血液而呈鲜红色、暗红色或黑红色（血痢、黑痢）。肠黏膜充血、出血，偶见浅层坏死（糜烂斑）。

（3）增生性肠炎（proliferative enteritis）：标本取自副结核病牛的小肠。

观察：病变主要见于小肠后端。肠管增粗、肠壁增厚、肠腔狭小。病变部的肠黏膜增厚，形成脑回样皱褶，或高低不平，黏膜呈黄白色，表面覆盖灰白色的黏液（二维码 15-1）。

二维码 15-1
副结核增生性
肠炎（牛）

（4）急性肝炎（acute hepatitis）：标本取自雏鸭病毒性肝炎病例。

观察：病死雏鸭的肝肿大出血，质脆易碎，颜色变淡，呈淡红色或花斑状，严重者呈灰白色或土黄色。肝表面有点状或斑状出血，胆囊肿大，充满褐色或淡绿色胆汁。

（5）肝硬化（cirrhosis）：

标本 1：取自因传染性肝炎导致的门脉性肝硬化病例。

观察：肝硬化初期，肝体积无变化；后期，肝体积缩小，质地变硬，表面凹凸不平。肝表面和实质可见许多大小较均匀的颗粒结节。由于门脉性肝硬化时常伴有肝细胞的脂肪变性，故肝呈现土黄色或黄褐色（二维码 15-2）。

二维码 15-2
肝硬化

标本 2：取自因黄曲霉毒素中毒的坏死性肝硬化病例。

观察：肝体积缩小，质地变实，被膜增厚，表面凹凸不平，色彩变浅，呈灰黄色或灰白色。表面和实质可见大小不一的圆形或类圆形结节，结节周围包围灰白色结缔组织。

标本 3：取自受到蛔虫幼虫侵袭的仔猪肝。

观察：在肝表面，可见或多或少的乳白色斑块，直径多在数毫米至 1 cm，犹如乳滴斑，故称乳斑肝或白斑肝。局部肝被膜增厚，白斑略深入肝实质。白斑内肝小叶间质增宽，甚至融合成灰白色致密斑。有的斑块其中心可见到暗红色小出血点。

病理切片：

（1）纤维素性肠炎（fibrinous enteritis）：标本取自患猪副伤寒仔猪的肠。

观察：病变部黏膜层与固有层组织广泛坏死，原有结构完全毁坏，组织坏死物和纤维素混杂成厚层的无结构物，病灶边缘有的肠腺尚隐约可辨。厚层坏死物之下（黏膜下层和肌层）为炎症细胞反应带，主要是崩解的中性粒细胞细胞核碎片。在核碎片层外周，有一些形态完整的炎性细胞，而中性粒细胞较少。

（2）急性肝坏死（acute hepatitis）：标本取自四氯化碳中毒兔的肝。

观察：急性中毒时，肝小叶中央区肝细胞脂肪变性和坏死，严重时肝小叶大片坏死。未坏死的肝细胞发生明显的颗粒变性、空泡变性和脂肪变性。中央静脉周围大量肝细胞发生凝固性坏死，坏死的肝细胞核浓缩、破碎和溶解，胞质嗜伊红深染，有的坏死细胞游离呈透明圆球状，部分坏死细胞破碎、溶解形成细胞碎片。窦状隙窦壁细胞（内皮细胞和枯否细胞）肿大，毛细胆管有的扩张，内含胆汁团块（图 15-1）。

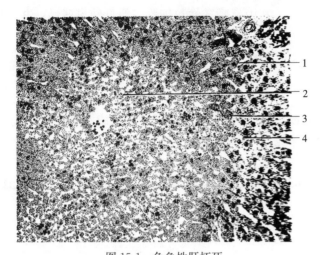

图 15-1 兔急性肝坏死

1. 坏死区周围再生的肝细胞 2. 肝小叶中央区坏死 3. 凝固性坏死的肝细胞，
核溶解消失 4. 肝小叶边缘肝细胞脂肪变性

（3）肝硬化（cirrhosis）：

切片 1：标本取自牛蛭病肝硬化病例。

观察：肝正常结构遭破坏，小叶间和汇管区增生的结缔组织向肝小叶生长，将肝小叶分隔成大小不等、形态不规则的团块，称此为假小叶。假小叶内肝细胞索排列紊乱，中央静脉偏位或缺乏，其肝细胞大小不一，有时也可见肝细胞脂肪变性、胆色素沉着、局灶性坏死。部分区域增生的结缔组织将肝索包裹形成条索，形似小胆管，但无管腔，将此条索称为假胆管。结缔组织中含有淋巴细胞、新生的小胆管（图 15-2、二维码 15-3）。

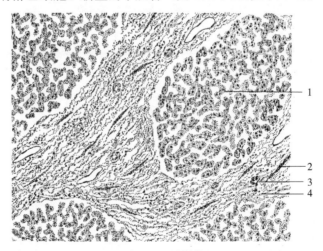

图 15-2 肝硬化

1. 假小叶，肝索排列紊乱，缺乏中央静脉 2. 包埋在结缔
组织内的假胆管 3. 小胆管 4. 间质大量结缔组织增生

二维码 15-3
肝硬化
（HE，100×）

切片 2：标本取自受到球虫侵袭的兔肝。

观察：小叶间的间质组织明显增生，其中仍有大量嗜酸性粒细胞和淋巴细胞，有的甚至形成淋巴小结。肝小叶受压萎缩，或被增生的纤维组织分割成肝细胞团块。幼虫穿行到局部

可被增生的纤维组织取代,其中有嗜酸性粒细胞,偶见幼虫残骸,并由巨细胞和巨噬细胞包围。

三、作业

(1) 记录和分析肝损伤家兔与正常家兔从不同途径注入等量肾上腺素后血压的变化,并分析肝损伤家兔与正常家兔 SGPTI(谷丙转氨酶)含量的变化和机理。

(2) 描述大体标本的病理变化。

(3) 绘制镜检切片的病理变化图,并注明病变位置和简要描述病变特征。

(石火英 么宏强)

实验十六

泌尿系统病理

一、实验目的

通过复制中毒性肾病的动物模型，检测血液和尿液成分的变化，并观察肾的病理组织学变化，以加深对中毒性肾病和肾功能不全发生机理的理解。通过观察标本，认识肾小球性肾炎、化脓性肾炎、间质性肾炎的病理变化，分析并明确其发生原因和机理以及对机体的影响。

二、实验内容

（一）急性中毒性肾病（acute toxic nephropathy）

1. 实验动物

雄性家兔。

2. 器材

天平，手术台，10 mm×150 mm 试管（集尿容器），10 mm×100 mm 试管，试管架，离心管，5 mL、10 mL 注射器及针头，载玻片，盖玻片，导尿管，显微镜，毛剪，乙醇棉球，50 mL 烧杯，滴管，氯化汞中毒肾的组织切片，光学显微镜，全自动生化分析仪等。

3. 试剂

1％氯化汞（$HgCl_2$）溶液，25％磺基水杨酸溶液，液体石蜡等。

4. 操作与观察

（1）在实验前 24 h，取一只健康雄性家兔，称体重后，于背部肌肉丰满处剪毛消毒，肌内注射 1％ $HgCl_2$ 溶液（按每千克体重 1 mL）。

（2）采模型家兔的耳中央动脉血，分离血清，送化验室测定血清尿素氮、血肌酐、血清尿酸含量。

（3）将注射 $HgCl_2$ 的家兔仰卧保定在手术台上，用乙醇棉球于尿道口消毒（动作要轻，尽量减轻对尿道口的刺激），将导尿管前端涂润滑剂液体石蜡，用左手拇指、食指、中指固定好兔阴茎，右手准确地将导尿管轻轻插入尿道，直至膀胱（推送导尿管时，如遇有较大阻力，暂停一下稍后退再推送，以防损伤尿道）。导尿管送入膀胱后即可有尿液流出，将尿液全部收集在试管中，观察尿液的颜色、透明度、是否混浊等。将部分尿液送化验室测定尿微球蛋白、尿微量白蛋白含量。

（4）取 10 mm×100 mm 试管放入 1～3 mL 尿液，用滴管向尿液中滴加数滴磺基水杨酸溶液，观察尿液的变化，以检测尿蛋白含量。

（5）制备病理切片，显微镜观察氯化汞中毒肾的组织切片，记录病理变化。

5. 结果分析

（1）将血清生化指标的变化填入表 16-1。

表 16-1　血清生化指标检测结果

组　　别	血清尿素氮/（mmol/L）	血肌酐/（mmol/L）	血清尿酸/（μmol/L）
健康家兔			
模型家兔			

（2）将尿液生化指标的变化填入表 16-2。

表 16-2　尿液生化指标检测结果

组　　别	尿微球蛋白/（mg/mmol）	尿微量白蛋白/（mg/mmol）
健康家兔		
模型家兔		

注：测定尿肌酐（Cr）以校正尿的检测指标。

（3）将尿蛋白检测结果填入表 16-3。

表 16-3　尿蛋白检测结果

组　　别	健康家兔	模型家兔
尿蛋白		

注：（－）表示尿中无蛋白，滴加磺基水杨酸后尿液清晰不显混浊；（±）表示尿中有微量蛋白，滴加磺基水杨酸后，尿液轻微混浊；（＋）表示尿中有少量蛋白，滴加磺基水杨酸后，不需黑色背影已可见白色混浊（含蛋白质）；（＋＋）表示尿液出现稀薄的乳样混浊；（＋＋＋）表示尿液呈现絮状或块状物沉渣；（＋＋＋＋）表示尿液呈现絮状或块状物沉渣。

（4）肾的病理组织学变化：描述肾的病理组织学变化。

根据实验结果，分析模型家兔血液、尿液生化指标变化的机理和肾病理变化的发病机理。

（二）病变观察

病变要点：

（1）急性肾小球性肾炎：肾体积稍增大，切面皮质色泽变淡，肾小球细胞增生，体积增大，囊壁细胞增生形成细胞性新月形或环状体。亚急性肾小球性肾炎：肾明显肿大，色变淡，呈大白肾形象，其大部分肾单位代偿性肥大，少部分肾单位纤维化。慢性硬化性肾小球性肾炎：肾变小变硬，呈固缩肾，肾小体囊壁纤维化形成纤维性新月体、环形体或全部纤维化。

（2）血源性化脓性肾炎：肾皮质见有大小不等的化脓灶。尿源性化脓性肾炎：可见肾盂肾炎。镜检，大量中性粒细胞渗出和脓液形成，病变部分肾组织结构崩解。

（3）间质性肾炎：肾表面和切面分布有灰白色、大小不等的斑点状病灶，呈白斑肾。镜检，肾间质淋巴细胞、单核细胞局灶性浸润和增生，形成炎性细胞结节。

二维码 16-1
亚急性肾小球
性肾炎（猪）

二维码 16-2
慢性硬化性
肾小球性
肾炎（马）

二维码 16-3
肾盂肾炎
（犬）

大体标本：

（1）亚急性肾小球性肾炎（acute glomerulonephritis）：标本来自猪亚急性肾小球性肾炎（大白肾）病例。

观察：肾体积明显增大，质地软脆，被膜易剥离，色彩变淡呈黄白色，失去固有光泽，切面皮质变厚，纹理不清。这些变化的组织学基础主要是部分肾小球因肾小球性肾炎而功能障碍，另一部分肾小球和肾小管代偿性肥大（二维码 16-1）。

（2）慢性硬化性肾小球性肾炎（chronic sclerosing glomerulonephritis）（固缩肾）：标本来自慢性硬化性肾小球性肾炎患马。

观察：肾体积缩小，质地坚实，表面凸凹不平。切面致密，皮质与髓质分界不明显，见纤维纹理。表面凸起处，肾原有组织出现代偿性肥大，色彩偏淡；表面凹陷处，肾组织发生局部性萎缩或坏死消失后被增生的结缔组织所取代，色彩较暗（二维码 16-2）。

（3）化脓性肾炎（pyogenic nephritis）：标本来自犬肾盂肾炎病例。

观察：由于炎性产物长期蓄积和侵蚀，可见肾盂黏膜粗糙无光，并有局灶性的灰褐色淤血和出血斑；肾乳头几乎消失不见；肾盂高度扩张，肾实质（皮质和髓质）明显变薄。此外尚见相连的输尿管变粗。肾盂肾炎通常是由下部尿道（输尿管、膀胱及尿道）的炎症和狭窄而引起（二维码 16-3）。

（4）间质性肾炎（interstitial nephritis）：标本取自犊牛肾。

观察：肾肿大，肾表面沟变浅，分布有灰白色、大小不等的斑点状病灶，切面皮质见灰白色斑块状或条索状病灶，呈白斑肾形象。

病理切片：

（1）急性肾小球性肾炎（acute glomerulonephritis）：标本取自猪瘟病例肾。

观察：肾小球毛细血管内皮细胞肿胀、增生，肾小球间质细胞增生，肾小球体积增大，

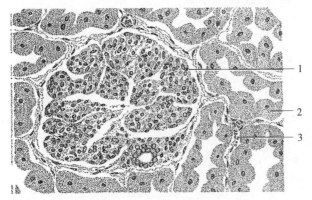

图 16-1 猪瘟急性肾小球性肾炎
1. 肾小球内皮细胞和间质细胞增生，体积增大
2. 肾小管上皮细胞颗粒变性 3. 间质小血管充血

肾小球球囊狭窄、有少量红细胞渗出。部分肾小管上皮细胞颗粒变性（图 16-1、二维码 16-4）。

（2）慢性硬化性肾小球性肾炎（chronic sclerosing glomerulonephritis）：标本取自慢性马传染性贫血病例。

二维码 16-4
急性肾小球性
肾炎（猪，HE，
200×）

观察：大部分肾小球出现不同程度的纤维化，肾小体囊壁发生纤维化呈纤维性新月体、环形体，肾小球完全纤维化呈结缔组织团块，其周围肾小管萎缩或被增生的结缔组织取代，使肾单位纤维化。部分纤维化的肾小球和小动脉发生透明变性。少量残留的肾小球和肾小管代偿性肥大（图 16-2、二维码 16-5）。

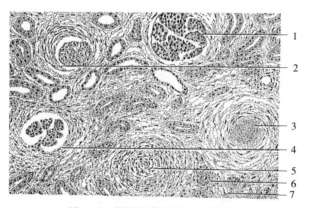

图 16-2 慢性硬化性肾小球性肾炎

1. 代偿性肥大的肾小球 2. 纤维性新月体 3. 纤维化的肾小球透明变性 4. 纤维性环形体 5. 肾小球完全纤维化 6. 小动脉透明变性 7. 间质结缔组织增生，肾小管萎缩或被结缔组织取代

二维码 16-5
慢性硬化性
肾小球性肾
炎（马，
HE，100×）

（3）间质性肾炎（interstitial nephritis）：标本取自羊布鲁菌感染病例。

观察：肾间质淋巴细胞、单核细胞、多核巨细胞和上皮样细胞局灶性浸润和增生，形成炎性细胞结节。炎性病灶周围的肾小管上皮细胞变性、坏死，部分区域可见明显的结缔组织增生（图 16-3、二维码 16-6）。

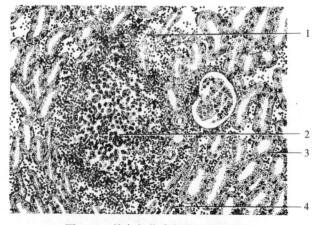

图 16-3 羊布鲁菌感染致间质性肾炎

1. 间质有大量淋巴细胞浸润 2. 多核巨细胞和上皮样细胞形成的特殊肉芽组织 3. 肾小管上皮细胞变性 4. 病灶附近的肾小管萎缩

二维码 16-6
间质性肾炎
（羊，HE，
400×）

三、作业

（1）记录和分析中毒性肾病家兔与正常家兔血液、尿液生化指标和肾的病理组织学变化，并分析其发生机理。

（2）描述亚急性肾小球性肾炎、慢性硬化性肾小球性肾炎（固缩肾）、化脓性肾炎和间质性肾炎（白斑肾）等大体标本的病理变化。

（3）绘制亚急性肾小球性肾炎、化脓性肾炎和间质性肾炎镜检切片的病理变化图，并注明病变位置和简要描述病变特征。

（4）分析各种肾炎和肾病病变的实质性区别。

（贺文琦　么宏强）

实验十七

生殖系统与乳腺病理

一、实验目的

通过观察标本，认识睾丸炎和乳腺炎的病理变化，分析其发生原因和机理以及对机体的影响。

二、实验内容

病变要点：

（1）睾丸炎：急性病例，睾丸肿胀，鞘膜内积液，切面可见大小不等、楔形或斑点状的灰黄色坏死灶，镜检见精曲小管上皮细胞变性、坏死，间质充血、出血、水肿，有淋巴细胞和单核细胞浸润；慢性病例，睾丸萎缩、变硬，睾丸与阴囊粘连，睾丸实质被结缔组织所取代，镜检见多数精曲小管被新生的肉芽组织取代，睾丸组织纤维化。

（2）乳腺炎：急性病例，病变的乳腺区明显肿胀，质地硬脆，切面乳腺小叶呈灰红色，小叶间质水肿增宽，镜检见腺腔中充满中性粒细胞和脱落的上皮细胞，间质充血、水肿和炎性细胞浸润；慢性病例，乳腺变小变硬，切面致密，有纤维纹理，镜检见腺泡萎缩、消失，肉芽组织增生，淋巴细胞浸润。

大体标本：

（1）坏死性睾丸炎（necrotizing orchitis）：标本来自羊布鲁菌病病例。

观察：睾丸肿胀，切面可见大小不等、楔形或斑点状的灰黄色坏死灶，原有结构基本消失。

（2）乳腺炎（mastitis）：标本取自乳牛乳腺炎病例。

观察：病变的乳腺区明显肿胀，质地硬脆，易于切割。切面，色彩不均一，湿润，有液体流出，部分乳腺小叶呈灰红色，小叶间质增宽、水肿。

病理切片：

（1）睾丸炎（orchitis）：标本取自豚鼠鼻疽性睾丸炎实验感染病例。

观察：部分区域间质小血管周围中性粒细胞渗出和坏死，病变明显区有多量中性粒细胞浸润，引起精曲小管实质细胞坏死、溶解，形成化脓灶。病变较轻的部分，精曲小管的精母细胞、精细胞排列紊乱，细胞密度降低、数量减少，有的发生变性、坏死（图 17-1、二维码 17-1）。

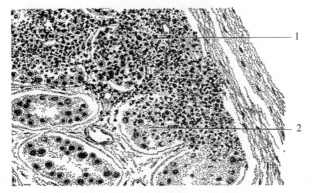

二维码 17-1
坏死性睾丸
炎（豚鼠，
HE，200×）

图 17-1　豚鼠鼻疽化脓性睾丸炎

1. 局部大量中性粒细胞渗出和坏死，精曲小管实质细胞
坏死溶解　2. 残存的部分精曲小管细胞坏死

（2）化脓性乳腺炎（suppurative mastitis）：标本取自乳牛化脓性乳腺炎病例。

观察：乳腺组织内出现大小不等的炎性病灶，病灶中大量中性粒细胞渗出，有的坏死、溶解，局部腺泡和腺管上皮细胞坏死、崩解，出现较多细胞碎片和核碎片，小血管充血、出血；病灶附近腺泡上皮细胞肿大，空泡变性，管腔内聚集渗出的中性粒细胞、脱落的上皮细胞和红细胞，间质充血、水肿，可见少量淋巴细胞及成纤维细胞（图 17-2、二维码 17-2）。

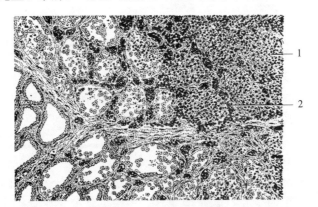

二维码 17-2
急性化脓性
乳腺炎（牛，
HE，200×）

图 17-2　牛化脓性乳腺炎

1. 大量中性粒细胞渗出、坏死、崩解，局部形成化脓灶
2. 间质血管扩张充血

三、作业

（1）阅读本实验的内容，认识典型病变。

（2）根据实际观察的内容，绘制病理变化图，并注明病变位置和简要描述病变特征。

（杨　磊）

实验十八

神经系统病理

一、实验目的

通过观察病理切片，认识化脓性脑炎、非化脓性脑炎的病理形态学变化，分析其发生原因和机理以及对机体的影响。

二、实验内容

病变要点：

（1）化脓性脑炎：特点是在脑组织中形成微细脓肿到肉眼可见的脓肿，镜检脑膜和脑组织中有大量中性粒细胞渗出。

（2）非化脓性脑炎：眼观病变一般不明显，镜检小血管周围间隙淋巴细胞浸润，一般没有中性粒细胞，也不形成脓液。

病理切片：

（1）化脓性脑炎（suppurative meningoencephalitis）：标本取自猪链球菌病病例。

观察：眼观大脑蛛网膜和软脑膜略显混浊与增厚，血管怒张充血，并可见散在的出血点。脑回变宽，脑质地变软。镜检见软脑膜血管扩张充满红细胞，血管内皮肿胀、增生、脱落，管壁疏松呈纤维素样坏死，血管周围有大量红细胞、中性粒细胞、单核细胞和淋巴细胞渗出，软脑膜因充血和大量炎性细胞浸润而显著增厚（化脓性脑膜炎）。脑实质内小血管扩张充血、出血，皮层浅部出现小脓肿灶，病灶区的脑组织液化溶解，局部被炎性细胞和脓细胞所取代（化脓性脑炎）（图 18-1、二维码 18-1）。

二维码 18-1
化脓性脑炎
（猪，HE，
400×）

化脓性脑膜炎常见于犊牛、羔羊和仔猪的链球菌病。此外，新生犊牛与羔羊的大肠杆菌病、反刍动物的溶血性与多杀性巴氏杆菌病也可引起。

（2）非化脓性脑炎（nonsuppurative encephalitis）：标本取自马流行性乙型脑炎病例。

观察：眼观可见脑脊髓液增多，脑膜充血、出血，脑回变扁，脑沟变浅，切面上有细小出血点，脑室扩张。镜检神经细胞变性、坏死，表现为神经细胞肿胀，尼氏小体部分或全部溶解，胞质内出现空泡，核偏于一侧、淡染或溶解消失；坏死的神经细胞也可表现为细胞固

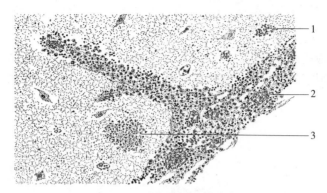

图 18-1　猪化脓性脑膜脑炎
1. 脑组织内小出血灶　2. 脑膜充血、出血，大量中性粒细胞渗出，引起化脓
性脑膜炎　3. 皮层浅部中性粒细胞浸润，形成小化脓灶

缩，胞质、胞核均浓染，外形不整，最后核溶解消失，细胞坏死；局灶性坏死形成软化灶，局部神经组织坏死液化，形成圆形或卵圆形、染色淡、质地疏松的筛网状病灶（筛状软化灶）；还可见在变性、坏死的神经细胞周围有小胶质细胞环绕，即神经细胞的卫星现象，小胶质细胞吞噬变性、坏死的神经细胞即噬神经元现象。胶质细胞呈弥漫性或局灶性增生，见胶质细胞在灰质和白质弥漫性增多，局灶性增生的胶质细胞聚集成大小不等的集团，形成胶质小结。小血管周围炎性细胞（主要是淋巴细胞，也有少量单核细胞、浆细胞）呈围管性浸润，形成"管套"，血管周围间隙增宽，此外还可见血管内皮肿胀、脱落，充血、出血（图18-2、二维码18-2）。

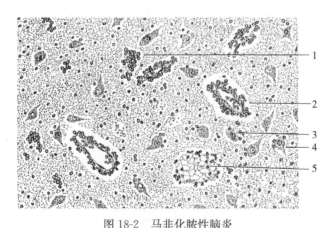

图 18-2　马非化脓性脑炎
1. 胶质细胞局灶性增生形成胶质小结　2. 血管周围淋巴细胞
渗出形成管套　3. 小胶质细胞吞噬坏死神经细胞，即噬神经元现象
4. 小胶质细胞围绕在变性神经细胞周围，即卫星现象
5. 神经组织局灶性坏死，形成筛网状软化灶

二维码 18-2
非化脓性脑
炎血管套
（马，HE，
400×）

　　动物非化脓性脑炎的病因主要是病毒感染，除流行性乙型脑炎病毒外，狂犬病病毒、猪瘟病毒、猪繁殖与呼吸综合征病毒、鸡新城疫病毒等病毒感染也可出现非化脓性脑炎。

三、作业

（1）阅读本实验的内容，认识典型病变。
（2）根据实际观察的内容，绘制病理变化图，并注明病变位置和简要描述病变特征。

（王凤龙）

实验十九

细菌性传染病病理

一、实验目的

通过观察标本，认识和掌握炭疽、巴氏杆菌病、沙门菌病、大肠杆菌病、链球菌病、猪丹毒、结核病、放线菌病、副结核性肠炎等疾病的特征性病变，为病理诊断和探讨发病机理打下基础。

二、实验内容

（一）炭疽（anthrax）病理

病变要点：

牛、羊等草食动物炭疽出现急性出血性败血症，全身浆膜、黏膜和组织器官出血，急性炎性脾肿，全身淋巴结出血性炎及实质器官的变质性变化；猪炭疽以咽部炭疽痈为主。

病理切片：

标本：取自驴炭疽病例的肠组织（肠炭疽痈）。

观察：黏膜上皮细胞坏死、脱落，固有层水肿、出血和中性粒细胞渗出，黏膜下层显著疏松增厚，期间有大量液体、纤维素渗出，以及部分不均匀的红细胞、中性粒细胞和细胞碎片，胶原纤维和血管壁发生纤维素样坏死；肌层和浆膜层也有明显的炎性细胞浸润（图 19-1、二维码 19-1）。

二维码 19-1
炭疽肠水肿
出血（驴，
HE，40×）

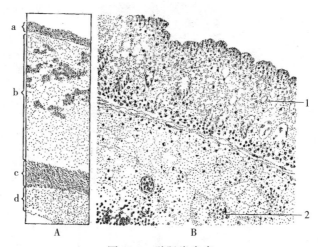

图 19-1　驴肠炭疽痈

A. 肠壁增厚　a. 坏死的黏膜层　b. 黏膜下层（显著增厚）　c. 肌层增厚　d. 浆膜层（增厚）
B. 黏膜层和黏膜下层局部放大　1. 黏膜层上皮细胞和固有层肠腺坏死　2. 黏膜下层水肿，
纤维素、炎性细胞和红细胞渗出

（王凤龙）

（二）巴氏杆菌病（pasteurellosis）病理

病变要点：

猪巴氏杆菌病：流行型出现败血症和咽峡炎，除出现败血症的一般变化外，咽喉部肿胀，严重时向周围蔓延，颌下、颈部水肿；散发型出现败血症和肺炎，发病早期呈支气管性肺炎，以后可发展为纤维素性肺炎。

鸡巴氏杆菌病：最急性型病变不明显，有时见心外膜少量出血点、肝少量坏死灶；急性型主要呈出血性败血症和肝小坏死灶；慢性型多出现鸡冠与肉髯坏死、关节炎和肺炎。

大体标本：

（1）猪肺疫支气管性肺炎：标本为患猪肺疫猪的肺和心。

观察：可见两侧肺的尖叶、心叶和膈叶的前下部呈不均匀的灰黄色、稍肿状，表面有大小不等的病灶，病变部位失去原有肺的光泽。切面见灰黄色融合性肺炎灶的边缘有沿支气管（管壁已变厚）分布的小叶性肺炎灶。膈叶炎灶以外的区域切面纹理疏松、含血量少、表面稍隆起，此为代偿性肺气肿的病变。此外，在肺胸膜和心外膜表面均有一层灰白色纤维素性薄膜附着，这是纤维素性胸膜炎和纤维素性心外膜炎的表现（图 14-1、二维码 19-2）。

（2）猪肺疫纤维素性胸膜炎：标本取自猪巴氏杆菌病慢性病例。

观察：纤维素性胸膜炎病程较久时，通过肺胸膜和胸壁胸膜下的结缔组织不断向渗出的纤维素内长入肉芽组织，逐渐完全机化纤维素而形

二维码 19-2
猪肺疫支气
管性肺炎

二维码 19-3
慢性猪肺疫
胸膜粘连

成结缔组织，使肺胸膜和胸壁胸膜紧密粘连（二维码 19-3）。

（3）鸡巴氏杆菌病肝急性变性和小坏死灶：标本取自鸡巴氏杆菌病急性病例。

观察：肝急性肿大，质软易碎，色彩呈黄褐色或灰红色。肝表面散在针尖大小、灰白色或黄白色的结节状小坏死灶。

病理切片：

（1）猪肺疫支气管性肺炎：见图 14-3 及相关内容。

（2）鸡巴氏杆菌病坏死性肝炎：标本取自死于鸡巴氏杆菌病鸡的肝。

观察：眼观肝肿大，质地软脆，被膜下见有许多针尖大小、灰白色结节状病灶。镜检见肝小叶中散布着许多大小不等的病灶。一种病灶以坏死和渗出为主，坏死的肝细胞核浓缩、破碎或溶解，同时见有浆液、纤维素和伪嗜酸性粒细胞渗出，坏死细胞与渗出的浆液、纤维素和炎性细胞互相融合；另一种病灶中的坏死物和渗出物逐渐溶解吸收，伪嗜酸性粒细胞减少，而由巨噬细胞和少量成纤维细胞形成增生性小结节。上述两种病灶是病变发展不同阶段的表现形式，前者是较早期的变化，后者是前者的进一步发展（图 19-2、二维码 19-4）。

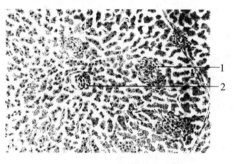

二维码 19-4
巴氏杆菌病
肝坏死灶（鸡，
HE，200×）

图 19-2　鸡巴氏杆菌病肝坏死灶
1. 肝中出现的小坏死，伴有炎性细胞浸润和出血
2. 中央静脉淤血

（王金玲）

（三）沙门菌病（salmonellosis）病理

病变要点：

仔猪副伤寒：急性病例病变特征主要是败血症、肝小坏死灶和纤维素性肠炎，慢性病例肝形成副伤寒结节和固膜性肠炎。

鸡白痢：肝可出现小坏死灶，母鸡发生卵巢炎和卵黄性腹膜炎，公鸡发生睾丸炎。

二维码 19-5
仔猪副伤寒局
灶性固膜性肠炎

大体标本：

（1）猪副伤寒固膜性肠炎：标本取自猪副伤寒病例。

观察：肠黏膜面分布大小不等、类圆形、表面灰黄色或污褐色的固膜性炎灶，病灶周围呈堤状隆起，中央坏死物脱落呈溃疡状（图 19-3、二维码 19-5）。

（2）猪副伤寒肝的变化：标本取自猪副伤寒病例。

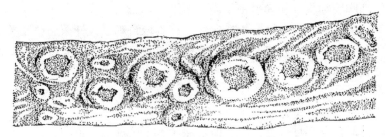

图 19-3　猪副伤寒局灶性固膜性肠炎
肠黏膜面有许多大小不等的类圆形局灶性固膜性炎灶，其周围隆起，中央凹陷

观察：肝体积肿大，质地脆软，被膜下散布着一些针尖大小的病灶，有的呈淡黄色（主要为肝细胞局灶性坏死和渗出），有的呈灰白色（在局灶性坏死基础上出现网状细胞增生，形成副伤寒结节），这是猪副伤寒时肝的特征性变化（二维码 19-6）。

二维码 19-6
仔猪副伤寒肝
小坏死灶

病理切片：

猪副伤寒肝的坏死灶与副伤寒结节：标本取自副伤寒病猪的肝。

观察：肝普遍淤血，肝细胞有不同程度的变性和个别肝细胞的坏死，并见有大小不等的小病灶。小病灶基本上有两种：一种以局灶性渗出和坏死为特征，主要是肝细胞坏死，以及浆液、纤维素和中性粒细胞的渗出；另一种是以巨噬细胞增生为主，形成副伤寒结节，其中还有淋巴细胞浸润，有的也有不同数量的中性粒细胞。后一种病灶是前者的渗出和坏死逐渐被吸收进一步演变的结果。还有些小病灶介于二者之间，既有坏死和渗出，也有巨噬细胞的增生（图 19-4、二维码 19-7、二维码 19-8）。

二维码 19-7
仔猪副伤寒肝
坏死灶（HE，
100×）

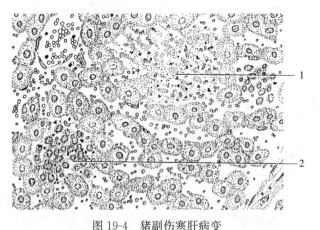

图 19-4　猪副伤寒肝病变
1. 肝小叶小坏死灶，其中肝细胞坏死、崩解，浆液、纤维素
渗出，炎性细胞浸润　2. 巨噬细胞和少量淋巴细胞形成副伤寒结节

二维码 19-8
仔猪副伤寒肝
副伤寒结节
（HE，400×）

（贾　宁）

（四）大肠杆菌病（colibacillosis）病理

多种动物均可发生大肠杆菌病。本实验主要观察猪水肿病和鸡大肠杆菌病的特征性病理变化。

病变要点：

猪水肿病：病猪表现全身各组织器官严重水肿（水肿病），以眼睑、胃壁及网膜与肠系膜等组织和器官水肿明显。

鸡大肠杆菌病：纤维素性肝周炎、坏死性肝炎、浆液-纤维素性胸腹膜炎和心包炎、纤维素性气囊炎、卵巢炎、输卵管炎、卵黄性腹膜炎和慢性肉芽肿性炎。

二维码 19-9
大肠杆菌病
纤维性肝
周炎（鸡）

大体标本：

（1）猪水肿病结肠浆膜水肿：标本取自猪水肿病病例的结肠。

观察：结肠壁明显增厚，浆膜水肿增厚，变疏松，呈透明状。

（2）鸡大肠杆菌病纤维素性肝周炎：标本取自鸡大肠杆菌病病例的肝。

观察：肝肿大，周围被一层黄白色薄厚不均的纤维素性渗出物包裹，剥离纤维素膜后，见肝表面有灰白色小坏死灶（二维码 19-9）。

（王金玲）

（五）链球菌病（streptococcosis）病理

病变要点：

（1）猪链球菌病：猪链球菌病主要表现为败血型和淋巴结脓肿型。急性败血型主要为全身淋巴结呈出血性淋巴结炎、急性炎性脾肿、出血性肺炎、出血性-化脓性脑膜脑炎，以及败血症的其他变化；淋巴结脓肿型病变多见于头颈部淋巴结，如下颌淋巴结一侧或两侧性肿大、变软、化脓，甚至破溃而流出脓汁，后期脓肿及局部淋巴结可被钙化或机化。

（2）羊链球菌病：急性败血型主要表现各脏器的黏膜或浆膜有出血点，全身淋巴结出血性炎，舌的后部、鼻孔附近、咽部和喉头黏膜明显水肿，并附有黄白色渗出物；胸型主要表现为浆液性-纤维素性肺炎和浆膜炎，同时，出现出血性纤维素性肺炎，以及实质器官的变质性病变。

大体标本：

（1）脾病变：标本取自急性败血型猪链球菌病病例。

观察：脾肿大，表面颜色暗红，质地柔软，切面结构模糊、黑红，流出暗红色凝固不良的血液。

（2）淋巴结病变：

标本 1：取自急性败血型猪链球菌病病例。

观察：病猪肠系膜淋巴结显著肿大，表面暗红色，切面暗红色与灰白色相间，呈大理石景象。

标本 2：取自猪链球菌病病例下颌淋巴结和腮腺淋巴结。

观察：下颌淋巴结和腮腺淋巴结肿大、质地变软，表面见灰白色；切面可见黄白色、黏稠的浓汁，淋巴结结构模糊。

（3）咽喉病变：标本取自败血型绵羊链球菌病病例。

观察：咽喉黏膜肿胀，暗红色；咽喉部周围组织高度水肿、充血与出血。

（4）肺病变：标本取自胸型绵羊链球菌病病例。

观察：肺表现浆液-纤维素性肺炎，肺实质出血、质地变实如肝，表面呈暗红色和灰红色相间的大理石样景象。胸腔积有多量含絮状纤维素的黄红色混浊液体。肺胸膜与胸壁发生轻度粘连，支气管和小支气管中充满白色带细小泡沫的液体。

病理切片：

（1）化脓性淋巴结炎：标本取自猪链球菌病下颌淋巴结。

观察：下颌淋巴结有大量化脓性坏死灶，坏死灶的淋巴细胞和网状细胞崩解，多量中性粒细胞渗出及坏死，聚集细胞碎片和核碎片，淋巴组织结构消失。化脓灶周围有结缔组织增生及炎性细胞浸润。

（2）化脓性肺炎：标本取自猪链球菌病病例的肺。

观察：可见不同发展阶段的化脓过程。初期，炎灶局部支气管和肺泡腔中有大量中性粒细胞为主的炎性渗出物。随后，炎灶中心中性粒细胞变性、坏死，与局部软化坏死的肺组织形成脓液，此时，炎灶形成脓肿。脓肿持续发展，形成边界不规则的大脓肿，脓肿周围肉芽组织逐渐增生形成包囊。脓肿局部肺组织坏死，脓肿周围的肺泡壁、支气管壁及间质充血。

（3）化脓性脑膜炎：标本取自猪链球菌病病例的大脑。

观察：见图18-1及相关内容。

（4）出血性坏死性淋巴结炎：标本取自绵羊链球菌病病例的下颌淋巴结。

观察：淋巴结被膜与小梁炎性水肿，充血、出血与血栓形成。淋巴窦扩张，充满大量的红细胞、淋巴细胞、巨噬细胞和中性粒细胞，淋巴管扩张与淋巴栓形成；淋巴小结有不同程度的坏死，淋巴细胞减少，见细胞碎片和核碎片（图19-5）。

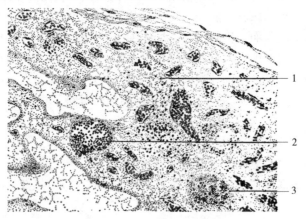

图19-5　猪链球菌病淋巴结病变
1. 淋巴结明显充血、出血和水肿疏松　2. 淋巴小结变小，淋巴细胞减少
3. 淋巴组织坏死，细胞崩解

（贾　宁）

（六）猪丹毒（erysipelas）病理

病变要点：

急性型表现以败血症和皮肤的丹毒性红斑为主，亚急性型表现皮肤疹块和败血症变化，慢性型表现心内膜炎、皮肤坏死和多发性关节炎。

二维码 19-10
猪丹毒皮肤
疹块

大体标本：

猪丹毒皮肤疹块：标本取自亚急性猪丹毒患病猪的皮肤（毛已刮去）。

观察：可见皮肤有大小不一的菱形、方形或不正形的红色或淡紫色疹块形成，疹块质地较硬，比周围组织稍隆起，与周围组织有明显分界（二维码 19-10）。

疹块是局部皮肤真皮内的小动脉发炎和炎性充血而引起，继而可以发展为淤血，色彩由红色转为淡紫色。

二维码 19-11
猪丹毒急性
脾炎
（HE，100×）

病理切片：

猪丹毒急性炎性脾肿：标本取自急性猪丹毒病例的脾。

观察：脾高度充血和出血，白髓体积明显缩小，白髓数量明显减少，整个脾红细胞显著增多、淋巴细胞明显减少；脾髓中可见许多大小不等的坏死灶，在坏死灶中可见核浓缩、核破碎病变，以及渗出的浆液、纤维素和炎性细胞，渗出物与坏死崩解的细胞成分互相融合为大小不等、不规则形病灶；鞘动脉壁增厚，周围的网状细胞变性肿胀，鞘疏松、增厚，有的鞘动脉周围也发生坏死；被膜和小梁等支持组织中的胶原纤维与平滑肌纤维变性、溶解和淡染（图 13-1、二维码 19-11）。

（王金玲）

（七）猪萎缩性鼻炎（atrophic rhinitis of swine）病理

病变要点：

眼观鼻黏膜肿胀、充血、水肿，有浆液性、黏液性或脓性渗出物，鼻歪斜、上翘，鼻梁皮肤皱褶；镜检，鼻腔黏膜上皮细胞变性或正常的假复层纤毛柱状上皮化生为复层立方上皮，有不正常排列的钙化骨片。

大体标本：

猪萎缩性鼻炎：标本取自萎缩性鼻炎病猪病例的鼻。

观察：在猪鼻腔于一、二前臼齿之间横断的标本。疾病早期，鼻黏膜有卡他性炎症，表现黏膜肿胀、充血、水肿，鼻腔中有浆液性、黏液性或脓性渗出物，常混有血液。病中期典型者，黏膜坏死脱落，鼻甲骨退化为不正常排列的残留物。甚至鼻甲骨上、下卷曲极度萎缩时，两侧鼻腔变大成腔洞。病后期，鼻中隔也发生弯曲或厚薄不均。常见鼻歪斜、上翘和鼻梁皮肤皱褶。

病理切片：

猪萎缩性鼻炎：标本取自萎缩性鼻炎病猪的鼻。

观察：鼻腔黏膜上皮细胞变性或正常的假复层纤毛柱状上皮化生为复层立方上皮；黏膜固有层有淋巴细胞、单核细胞和少量的中性粒细胞浸润；鼻甲骨的骨质部分，初期出现疏松，有大量破骨细胞。后期破骨细胞减少或消失，同时成骨细胞广泛增生。有不正常排列的钙化骨片。

（石火英）

（八）猪痢疾（swine dysentery）病理

病变要点：
本病的病变特点是出血性坏死性结肠炎。
大体标本：
猪痢疾肠炎：标本取自猪痢疾病例的肠。
观察：结肠肠壁水肿增厚，肠黏膜暗红色、肿胀、湿润，表面散在有出血斑点和大片的灰白色坏死灶，有的坏死物脱落形成糜烂和溃烂灶。病变部位肠腔内混有黏液、血液和坏死物。肠系膜淋巴结肿大、充血、水肿。
病理切片：
猪痢疾出血性肠炎：标本取自猪痢疾病例的结肠。
观察：黏膜上皮细胞坏死脱落，固有层中性粒细胞、红细胞和纤维素渗出，细胞坏死崩解；肠腺扩张，上皮细胞变性、坏死；小血管扩张充血，周围淋巴细胞浸润（图19-6）。

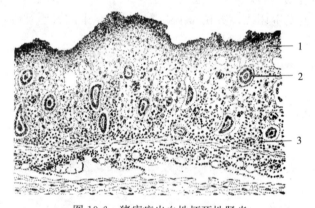

图19-6　猪痢疾出血性坏死性肠炎
1. 肠黏膜上皮细胞坏死崩解，固有层出血和中性粒细胞渗出
2. 肠腺扩张，上皮细胞变性　3. 淋巴细胞浸润

（杨　磊）

（九）放线菌病（actinomycosis）（牛放线菌病）病理

病变要点：
在下颌或上颌骨，形成或大或小的肿块，俗称"大颌病"，如发生于舌，使其增大并从口中脱出，则称"木舌症"，病变也可发生在淋巴结。病灶发生脓肿，并有"硫黄颗粒"，外

周为结缔组织包囊，表面破溃形成瘘管或窦道。

大体标本：

（1）下颌骨病变：标本取自牛放线菌病病例。

观察：病牛下颌骨高度肿大，向外凸出，似肿瘤，其中含有化脓灶和放线菌块。肿胀病灶局部骨外膜和骨内膜成骨细胞大量增生，形成骨样组织。眼观，病变骨组织切面疏松，呈粗糙的多孔海绵状，甚至形成空洞。如向外形成瘘管，则经常排出脓汁。

（2）牛皮下放线菌肿病变：标本取自牛放线菌病病例。

观察：牛下颌骨角部皮下形成丘疹状或蘑菇状结节，结节表面皮肤也可破溃形成溃疡，结节表面有不少小化脓灶。

二维码 19-12
放线菌病肉
芽肿（牛，
HE，200×）

病理切片：

放线菌肉芽肿：标本取自牛放线菌病肿块。

观察：放线菌肉芽肿是本病的特征性病变。病灶中心为菊花样的菌块，菌块附近有较多中性粒细胞，周围是上皮样细胞、巨噬细胞以及大量淋巴细胞和浆细胞，偶见少量嗜酸性粒细胞，最外是成纤维细胞构成的包膜，这种病灶或结节即称放线菌肉芽肿。肉芽肿可随疾病发展而不断增多（二维码 19-12）。

（贾　宁）

（十）结核病（tuberculosis）病理

病变要点：

结核病变主要为干酪样坏死和特殊肉芽组织增生，病变多发生在肺、肠、淋巴结、浆膜等组织与器官。

大体标本：

（1）牛结核干酪性支气管性肺炎和增生性结核结节：标本取自牛结核病例。

二维码 19-13
结核性支气
管肺炎（牛）

观察：肺的切面见有许多大小不等灰红色或灰黄色病灶，有的小病灶呈三叶草状的不均匀分布，此即腺泡性干酪性支气管性肺炎的形象（由于呼吸性细支气管以树枝状分支出肺泡管，所以发炎部位多呈三叶草状），还有些病灶范围更大，涉及整个小叶或几个小叶，病灶中心呈灰黄色干酪样坏死，周围有灰红色和灰白色肉芽组织，此为肺内的增生性结核结节。在肺表面有一些粟粒大到黄豆大圆形隆起的病灶，此即肺胸膜上的增生性结核结节（二维码 19-13）。

（2）牛结核肺的干酪样坏死及包囊形成：标本取自牛结核病例。

二维码 19-14
肺结核结节
（牛）

观察：标本显示在干酪样坏死的周围出现特殊性肉芽组织和普通肉芽组织将坏死物包裹起来，构成增生性结核结节。结节大小不等，一般呈圆形，中央为灰黄色的干酪样坏死，其间散布有黄白色不定形的钙化灶，坏死外周有一层灰红色的特殊性肉芽组织，再外为灰白色的普通肉芽组织，结节之间可见多少不一的灰白色结缔组织增生，有的部位已形成肺肉变（二维码 19-14）。

（3）牛结核肺的干酪样坏死继发空洞形成：标本取自牛结核病例。

观察：在肺组织切面见大小不等、形状不一、壁厚薄不均或残损不全的空洞，空洞内壁粗糙，有的尚见坏死物残留。肺空洞是在肺结核病情恶化时，干酪样坏死的范围扩大，肉芽组织包囊瓦解，坏死物液化后由呼吸道排出而形成（二维码19-15）。

（4）牛肠结核：标本取自牛结核病例。

观察：在肠黏膜面上可见黄豆大或蚕豆大、边缘隆起的结核性结节和溃疡。部分病灶中央干酪样坏死物凸起于表面呈喷火口状，边缘有特殊肉芽组织和普通肉芽组织增生，呈堤状隆起（二维码19-16）。

（5）淋巴结结核：标本取自牛结核病例。

观察：标本为肠系膜淋巴结，见淋巴结明显肿大，切面上大部分为灰黄色的干酪样坏死，期间散在有灰白色斑点状的钙化灶，周围尚有灰红色的特殊性肉芽组织和灰白色的普通肉芽组织增生（二维码19-17）。

（6）牛肋胸膜结核：标本取自牛结核病例。

观察：标本为结核病牛的一部分胸壁，在肋胸膜上可见许多大小不等的灰白色扁平状增生物，此即结核性肉芽肿（二维码19-18）。

（7）牛结核性浆膜增生性结节（珍珠病）：标本取自牛结核病例。

观察：见实验六增生性结核结节部分的内容。

（8）鸡肝结核：标本取自鸡结核病例。

观察：标本为结核病鸡的肝。肝体积稍大、质地脆软、色彩呈灰黄色或灰褐色，在其表面或切面上见针尖大到小米大，甚至互相连接成拇指大的灰白色病灶，病灶稍隆起，周围呈暗褐色，此即鸡肝结核的眼观形象。

病理切片：

（1）牛结核性肺炎：标本取自死于结核病牛的肺。

观察：肺组织普遍发生炎症变化。肺泡壁毛细血管有不同程度的充血，肺泡腔有分布不均的各种炎性渗出物，如浆液、纤维素、炎性细胞（单核细胞为主）等，有些支气管管腔可见大量淡蓝染的黏液性物质以及渗出的白细胞和脱落的上皮细胞。在肺炎变化的基础上，可见大小不等坏死灶，坏死灶的肺组织结构消失，形成无结构的红染物，有的坏死灶中见残存的支气管轮廓和蓝染的细胞核破碎物，此即结核性干酪样坏死的变化。部分区域有支气管周围炎、血管炎和血管周围炎的现象，此处可见数量不等的单核细胞、淋巴细胞浸润（二维码19-19）。

（2）增生性结核结节：标本取自结核病牛的肺。

病变：眼观，肺组织有大小不等的结节，结节周围有灰红色和灰白色肉芽组织。镜检，视野显示结核病牛肺的一个增生性结核结节。结节中心为干酪样坏死物，其中散在一些核崩解产物和颗粒状的钙化灶。坏死物周围主要是由多核巨细胞和上皮样细胞所构成的特殊肉芽组织，再外围则为纤维组织和少量毛细血管所构成的普通肉芽组织，其中有大量淋巴细胞和

二维码 19-15
结核病肺结核
空洞形成（牛）

二维码 19-16
肠结核（牛）

二维码 19-17
淋巴结结核
（牛）

二维码 19-18
胸壁胸膜
结核（牛）

二维码 19-19
结核性
肺炎（牛，
HE，40×）

少量浆细胞（图 19-7、二维码 19-20）。

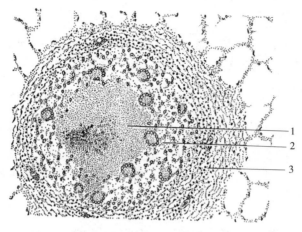

二维码 19-20
结核性增生
性结节（牛，
HE，400×）

图 19-7　牛肺结核增生性结节

1. 结节中央为干酪样坏死和钙化灶　2. 由多核巨细胞和上皮样
细胞形成的特殊肉芽组织　3. 结节外周为普通肉芽组织，其中
有大量淋巴细胞浸润

（3）鸡肝结核：标本取自结核病鸡的肝。

观察：眼观肝肿大，在被膜下及切面见大小不等、灰黄色的结节状病灶。镜检在肝组织中散有增生性结核结节和结核性肉芽肿，结构与牛结核相仿，增生性结核结节中心为干酪样坏死，外围为多核巨细胞和上皮样细胞构成的特殊肉芽组织，再外围为普通肉芽组织和浸润的淋巴细胞；结核性肉芽肿中心为特殊肉芽组织，外围为普通肉芽组织和淋巴细胞。其中的多核巨细胞大小差别悬殊，有的可有几十个或上百个细胞核（图 19-8、二维码 19-21）。

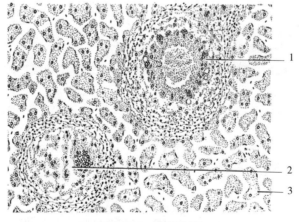

二维码 19-21
肝结核性结节
（鸡，HE，
200×）

图 19-8　鸡肝结核

1. 结核性增生性结节，干酪样坏死灶附近为特殊肉芽组织，
外围为普通肉芽组织　2. 结核性肉芽肿　3. 肝细胞

（十一）副结核性肠炎（paratuberculosis）病理

病变要点：

副结核病变主要为增生性肠炎，病变肠道增厚，黏膜表面形成皱褶。镜检黏膜固有层和黏膜下层有大量上皮样细胞和淋巴细胞增生。

牛副结核增生性肠炎：标本取自牛副结核病例的小肠。

大体标本：

观察：标本为副结核性肠炎病牛的一段回肠，可见肠壁肥厚，从断面观察尤以黏膜层和黏膜下层肥厚最为明显，肥厚的黏膜隆起，形成脑回样皱褶（这种皱褶富有弹性，用力拉紧肠壁使皱褶展平，松开后又恢复原状），此即牛副结核性肠炎的眼观形象（二维码19-22）。

二维码 19-22
副结核增生性
肠炎（牛）

病理切片：

观察：肠绒毛变粗、变短，部分黏膜上皮细胞脱落；肠黏膜固有层和黏膜下层有大量上皮样细胞（胞核较大，椭圆形、淡蓝染，胞质丰富、粉红染，互相连接）增生，其间也有淋巴细胞浸润，另外，在肌层和浆膜层也有局灶性的淋巴细胞增生和少量上皮样细胞出现，因此肠壁明显增厚，呈现增生性肠炎的特征。肠壁可见黏膜上皮细胞多已脱落消失；肠腺细胞分泌黏液亢进，肠腺萎缩水肿（周围有较大的空隙）等（二维码19-23）。

二维码 19-23
副结核增生性
肠炎（牛，
HE，100×）

本片通过抗酸染色（C.F.M.）可见增生的上皮样细胞的胞质内有大量的副结核杆菌，菌体紫红色，颗粒状，甚至有的还可把胞核掩盖（二维码19-24）。

二维码 19-24
副结核增生性
肠炎（牛，抗酸
染色，400×）

三、作业

（1）根据观察的标本，描述大体标本的病理变化。

（2）根据观察切片的病理变化，绘制病理组织图，并标注和描述病变特征。

（王凤龙）

实验二十

病毒性传染病病理

一、实验目的

通过观察标本，认识和掌握绵羊痘、猪瘟、猪繁殖与呼吸综合征、猪传染性胃肠炎、狂犬病、口蹄疫、牛病毒性腹泻-黏膜病、绵羊肺腺瘤、小反刍兽疫、鸡新城疫、鸭病毒性肝炎、小鹅瘟、马立克病、禽白血病、传染性法氏囊病、禽脑脊髓炎、禽流感等疾病的特征性病变，为进行病理诊断和探讨发病机理打下基础。

二、实验内容

（一）绵羊痘（sheep pox）病理

二维码 20-1
绵羊痘皮肤
痘疹（绵羊）

病变要点：

皮肤出现红斑、丘疹和坏死结痂，肺、肾、肝和消化道等内脏器官形成痘疹结节。镜检，皮肤表皮细胞变性、坏死，真皮淋巴细胞、单核细胞渗出和增生，变性明显的表皮细胞细胞质内出现嗜酸性包涵体。

大体标本：

（1）绵羊痘皮肤痘疹丘疹期：标本为患绵羊痘羊的皮肤。

观察：皮肤痘疹外观呈高粱米大到蚕豆大稍隆起的结节，结节硬实，有些痘疹外周伴有反应性充血和出血，呈暗红色（二维码 20-1）。

（2）绵羊痘皮肤痘疹结痂期：标本为患绵羊痘羊的皮肤。

二维码 20-2
绵羊痘肺组
织痘疹
（绵羊）

观察：眼观痘疹呈绿豆大和黄豆大，表面干涸形成黑褐色痂皮，痂皮有的向表面隆起，有的已经破溃脱落，露出光滑的幼嫩皮肤组织，痂皮是皮肤的坏死物与炎性渗出物互相融合而形成的。

（3）绵羊痘肺的痘疹：标本为患绵羊痘羊的肺。

观察：在肺胸膜下和切面均见有大小不等灰白色或灰红色的结节状病灶，此即绵羊痘肺的痘疹。痘疹局部组织变实，稍向表面隆起，切面灰白色如淋巴结样（二维码 20-2）。

（4）绵羊痘肾的痘疹：标本为患绵羊痘羊的肾。

观察：在肾表面和切面均见一些黄豆大灰白色半透明稍隆起的病灶，此即绵羊痘肾的痘疹局部病变，是该处实质细胞变性、萎缩及淋巴细胞和单核细胞渗出、增生而致（二维码 20-3）。

二维码 20-3
绵羊痘肾
痘疹（绵羊）

镜检切片：

绵羊痘：标本取自绵羊痘病例痘疹皮肤。

观察：镜检可见丘疹部表皮显著增厚，主要是棘细胞增生并发生空泡变性和气球样变，细胞高度肿胀、淡染，胞核内也出现空泡，染色质边集，甚至发生核溶解，棘细胞层疏松呈海绵状。有些细胞胞质内出现包涵体，呈圆形、类圆形或不规则形，轮廓鲜明，均质红染的小体状，主要位于棘细胞胞质内，每个细胞内可有一至数个不等。此外，可见高度空泡变性的表皮细胞破裂融合形成镜下可见的小空泡。真皮充血、出血、水肿；小血管发生炎症并可见血栓形成；血管周围淋巴细胞浸润，胶原纤维疏松肿胀呈纤维素样坏死，部分小血管周围可见一种组织细胞样细胞，其体积大，呈星形，胞质嗜碱性，胞核为椭圆形，核仁嗜酸性比较大，因为它出现在绵羊痘的病灶区，所以称为绵羊痘细胞，其胞质内也可以出现嗜酸性包涵体。上述变化即为绵羊痘丘疹期的镜下形象（图 20-1、二维码 20-4）。

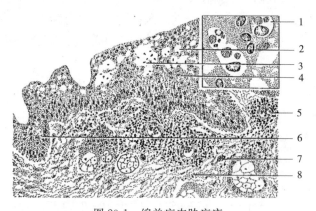

二维码 20-4
绵羊痘皮肤
痘疹表皮细
胞变性和包
涵体
（绵羊，HE，
400×）

图 20-1　绵羊痘皮肤痘疹

1. 表皮棘细胞空泡变性，胞质内出现大小不等、类圆形的包涵体　2. 气球样变的棘细胞　3. 高度空泡变性的细胞破裂，融合为大空泡　4. 丘疹区表皮细胞增生，表皮增厚　5. 真皮小血管扩张充血，周围淋巴细胞浸润　6. 丘疹周围相对正常的表皮组织　7. 绵羊痘细胞　8. 真皮水肿增厚

（王凤龙）

（二）猪瘟（swine fever）病理

病变要点：

出现败血症变化，全身组织器官出血，全身淋巴结出血性炎，坏死性脾炎和脾边缘的出血性梗死灶，固膜性肠炎，出血性肾小球性肾炎，非化脓性脑炎。

大体标本：

（1）猪瘟皮肤出血：标本为患急性猪瘟猪的皮肤。

观察：从皮肤表面可见大小不等、色彩不一的点状或斑块状出血，有的部位尚见结痂，

二维码 20-5
猪瘟皮肤出血

该病变是在出血基础上引起的坏死。猪瘟时出血性病变特别明显，主要是毛细血管和微静脉壁受损，内皮细胞变性、坏死和管壁部分纤维溶解，通透性升高而引起的；同时也与骨髓巨核细胞受损，血小板减少，血液凝固不良有关（二维码 20-5）。

（2）猪瘟肾出血：标本为患急性猪瘟猪的肾。

观察：肾肿大，色彩变淡，在被膜下及切面均见许多针尖大或小米大的散在出血点（二维码 20-6）。

二维码 20-6
猪瘟肾出血点

（3）猪瘟肾和膀胱黏膜出血：标本为患急性猪瘟猪的肾和膀胱。

观察：在肾被膜下和膀胱黏膜均见针尖大或针帽大的散在出血点。

（4）猪瘟心外膜和心内膜出血：标本为患急性猪瘟猪的心。

观察：冠状沟、纵沟脂肪组织表面有较多的细小出血点，心室和心房的心壁内膜见斑纹状或点状出血。

二维码 20-7
猪瘟扁桃体
出血性固膜
性炎

（5）急性猪瘟病例的扁桃体坏死：标本为人工感染猪瘟病毒病例的扁桃体。

观察：黏膜面上可见小米大、豌豆大的灰黄色坏死灶，有的坏死灶互相连接成片，周围有充血、出血（二维码 20-7）。

（6）猪瘟胃黏膜出血：标本为猪瘟病例的胃。

观察：胃黏膜见数个高粱米大到黄豆大的紫红色出血斑点，有的互相连接成出血带，在出血的基础上还可见到紫灰色的坏死灶。

二维码 20-8
猪瘟出血性
淋巴结炎

（7）猪瘟出血性淋巴结炎：标本为猪瘟病例的淋巴结。

观察：淋巴结肿大，表面暗红色，切面呈不均匀的紫红色（与含血量多少有关），有的出血以周围组织为主，使灰白色淋巴组织被紫红色的出血包裹，呈大理石样外观（二维码 20-8）。

（8）猪瘟脾出血性梗死：标本为猪瘟病例的脾。

观察：脾肿胀不明显，在脾的边缘和被膜下可见绿豆大到黄豆大紫褐色斑块，有的斑块呈条索状，此即猪瘟时脾的出血性梗死灶（二维码 20-9）。

二维码 20-9
猪瘟脾边缘出血
性梗死灶

（9）胸型猪瘟肺的变化：标本为胸型猪瘟病例的肺。

观察：肺体积增大，质地变实，间质加宽。由于局灶性充血和出血，肺色彩很不一致（紫褐色与灰红色相间存在），小叶轮廓明显，即呈纤维素性出血性肺炎的形象。

胸型猪瘟除有猪瘟的一般病变外，尚有猪巴氏杆菌病的病变，后者主要表现为支气管性或纤维素性肺炎。

二维码 20-10
猪瘟弥漫性
固膜性肠炎

（10）肠型猪瘟弥漫性固膜性肠炎：标本为肠型猪瘟的一段肠壁。

观察：肠黏膜普遍增厚，表面高低不平而粗糙，此即弥漫性固膜性肠炎的现象，它是在肠黏膜和黏膜下组织坏死的基础上，与炎症过程中纤维素性渗出物互相融合形成的变化（二维码 20-10）。

（11）猪瘟肠壁淋巴滤泡肿胀：标本为患猪瘟猪的一段小肠。

观察：孤立的淋巴滤泡肿胀如高粱米粒大，灰褐色，向黏膜面隆起

（中心凹陷处为隐窝）。肠壁上孤立的淋巴滤泡肿胀是猪瘟肠道变化的早期形式，随着病情的进一步发展，可在此基础上出现固膜性肠炎。

（12）肠型猪瘟局灶性固膜性肠炎及反应性充血：标本为患猪瘟猪的一段小肠。

观察：在肠黏膜面上，可见许多大小不等的黄色病灶，此即在淋巴滤泡肿胀、坏死基础上，与纤维素性渗出物等炎症产物互相融合形成的固膜性肠炎的早期形象，在其周围有反应性充血和出血。

（13）肠型猪瘟局灶性固膜性肠炎：标本为患猪瘟猪的一段肠管。

观察：肠壁黏膜面上布有许多大小不等的固膜性肠炎的病灶，炎灶也呈轮层状结构，有的坏死物脱落，中心凹陷形成溃疡（二维码20-11）。

镜检切片：

猪瘟急性出血性淋巴结炎：标本取自因急性猪瘟死亡的病例。

观察：眼观全身淋巴结呈不同程度的肿大，表面色彩暗红，切面呈紫红和灰白相间的大理石样。镜检淋巴结内毛细血管普遍扩张，管腔充满大量红细胞（充血），血管内皮细胞肿胀、变性；周围淋巴组织以及边缘窦有大量红细胞渗出，聚积成出血灶或散在分布，大量淋巴细胞变性、坏死或消失，淋巴细胞减少，淋巴结中缺乏鲜明的淋巴小结和生发中心，并见少量浆液、纤维素和中性粒细胞渗出；巨噬细胞可见增生、肿胀和变性，其胞核浓染或浅染，胞质疏松、淡红染，核质没有明显界限（图1-14、二维码20-12、二维码20-13）。

小结：猪瘟病毒主侵机体的单核-巨噬细胞系统、淋巴组织和小血管内皮细胞，因此可见淋巴结的网状细胞增生、变性，淋巴组织变性、坏死，血管内皮细胞肿胀、变性，以及充血、出血和渗出等变化。眼观淋巴结肿大，紫红色和切面大理石样与这些变化有关。

二维码20-11
猪瘟肠黏膜
固膜性炎

二维码20-12
猪瘟出血性
淋巴结炎
（HE，
100×）

二维码20-13
猪瘟淋巴结
淋巴细胞坏死
（HE，400×）

（石火英）

（三）猪繁殖与呼吸综合征（porcine reproductive and respiratory syndrome）病理

病变要点：

皮肤淤血，呈蓝紫色，耳郭尤为明显；全身淋巴结呈坏死性出血性炎，急性炎性肿，弥漫性间质性肺炎，子宫炎和胎儿病变、死胎，实质器官（肝、肾、心肌）不同程度的变质性变化，非化脓性脑炎。

大体标本：

（1）猪繁殖与呼吸综合征间质性肺炎：标本取自猪繁殖与呼吸综合征病例的肺。

观察：肺弥漫性膨隆，色泽灰红、暗红呈不均匀分布，切面较致密、暗红色和灰红色相间，质地变实呈胰腺样（二维码20-14）。

（2）猪繁殖与呼吸综合征淋巴结炎：标本取自猪繁殖与呼吸综合征病例的淋巴结。

二维码20-14
猪繁殖与呼吸
综合征肺病变

二维码 20-15
猪繁殖与呼吸
综合征肺泡间
隔增宽，同细胞
增生
（HE，200×）

二维码 20-16
猪繁殖与呼吸综
合征支气管和血
管周围细胞增生
（HE，
200×）

观察：淋巴结肿大，表面灰红色，切面湿润、暗红色和灰白色相间，呈大理石样变，部分区域灰白色或灰红色、无光泽。

镜检切片：

猪繁殖与呼吸综合征肺部病变：标本取自猪繁殖与呼吸综合征病例的肺。

观察：肺泡壁毛细血管扩张、充满红细胞，肺泡间隔淋巴细胞、巨噬细胞渗出和增生，间隔增厚，肺泡内有数量不等的炎性细胞、红细胞和脱落的上皮细胞，肺泡腔变狭窄缩小，部分肺泡上皮细胞坏死，肺泡结构崩解。细支气管和支气管上皮细胞增生使管壁上皮细胞形似多层，并形成皱褶向管腔凸起，上皮细胞肿胀、空泡化，固有层有巨噬细胞和淋巴细胞为主的炎性细胞浸润，有的细支气管、支气管和血管周围淋巴细胞、巨噬细胞等炎性细胞渗出和增生，形成细胞管套或细胞结节（二维码 20-15、二维码 20-16）。

（刘永宏）

（四）猪传染性胃肠炎（swine transmissible gastroenteritis）病理

病变要点：

眼观胃肠道黏膜充血、水肿。镜检见胃肠黏膜上皮细胞发生空泡变性，部分上皮细胞坏死脱落，固有层充血、水肿。

大体标本：

仔猪传染性胃肠炎胃肠变化：标本取自传染性胃肠炎仔猪病例的胃肠。

观察：主要病变集中于胃和小肠。胃膨胀，内有凝乳块，胃底黏膜潮红。肠道呈现卡他性肠炎的表现，肠内容物多呈黄绿色或灰白色液体，肠管扩张，肠壁菲薄透明，易撕裂。肠系膜充血，肠系膜淋巴结充血肿胀。

病理切片：

猪传染性胃肠炎小肠病变：标本取自传染性胃肠炎仔猪病例的小肠。

观察：小肠绒毛萎缩变短，并相互融合。小肠上皮细胞变性、坏死，部分上皮细胞脱落，黏膜固有层内可见浆液性渗出和炎性细胞浸润。

（杨 磊）

（五）狂犬病（rabies）病理

病变要点：

特征性病理变化为非化脓性脑脊髓炎，在受侵的神经细胞胞质内出现包涵体（奈格利小体）为本病的特征性病变，包涵体多出现于大脑海马部的大神经细胞及小脑的浦肯野细胞中。

病理切片：

狂犬病小脑病变：标本取自狂犬病病例的小脑。

观察：眼观脑软膜充血、水肿，脑组织切面上可见针尖大的出血点，脑脊髓液增多。镜检可见小脑在轻度非化脓性脑炎变化的基础上，浦肯野细胞胞质内出现包涵体（奈格利小体），包涵体呈圆形、卵圆形或梨形，轮廓鲜明，大小不等，在 HE 染色的切片上为均质粉红染、折光性很强的小体，一个神经细胞内可有一至数个不等，对 Zenker 液固定的组织，用改良 Wilhite 染色法，染色效果更好，其结果为神经细胞胞质是蓝色而其中的包涵体呈鲜红色，红细胞染为铜黄色（图 20-2、二维码 20-17）。

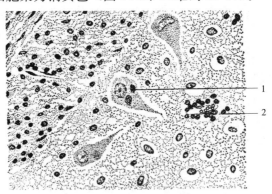

二维码 20-17
狂犬病小脑
蒲肯野细胞
内包涵体
（牛，HE，400）

图 20-2　狂犬病小脑病变
1. 浦肯野细胞肿大，胞质内出现类圆形嗜酸性包涵体
2. 小血管周围淋巴细胞浸润

（六）口蹄疫（foot and mouth disease）病理

病变要点：

口蹄疫有良性与恶性之分。良性口蹄疫其剖检特征是在皮肤和皮肤型黏膜，特别是在口腔黏膜和蹄部皮肤发生水疱、糜烂和溃疡；恶性口蹄疫主要发生于幼畜，其特征是引起变质性心肌炎和骨骼肌炎。

大体标本：

（1）口蹄疫口腔黏膜的坏死和溃疡：标本为患口蹄疫牛的口腔。

观察：可见下颌齿龈内侧有一蚕豆大的圆形病灶，其中心凹陷，深层坏死物脱落，形成溃疡，边缘隆起，周围有反应性炎呈紫红色。病牛舌面表层水疱破溃后，坏死组织互相融合为较大的糜烂面，在糜烂面上一部分附着有灰黄色坏死物，另一部分坏死物已脱落，并开始修复，露出新生的组织（图 20-3、二维码 20-18、二维码 20-19）。

二维码 20-18
口蹄疫齿龈
溃疡（牛）

二维码 20-19
口蹄疫舌面黏
膜糜烂（牛）

（2）口蹄疫蹄部的坏死：标本为患口蹄疫牛的蹄部。

观察：可见蹄叉和蹄冠部的部分皮肤出现坏死，坏死物结痂，呈灰黄色，表面粗糙不平，向上隆起，部分病变区色彩暗红，出现炎症反应（二维码 20-20）。

（3）口蹄疫心肌坏死性炎：标本为死于口蹄疫犊的心。

观察：在心房和心室肌肉的数个切面上均见黄白色斑块状或条纹状的病灶，即为心肌坏死性炎灶，有时坏死性心肌炎处的心肌（灰黄色）与未出现明显病变的心肌（暗红色）相间存在，呈虎斑样纹理（虎斑心）（二维码 20-21）。

二维码 20-20
口蹄疫蹄冠和
蹄叉糜烂（牛）

病理切片：

口蹄疫犊的变质性心肌炎：见实验六图 6-1 及相关文字内容。

二维码 20-21
口蹄疫心肌
病变（牛）

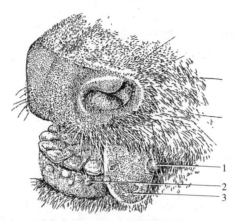

图 20-3 牛口蹄疫口腔黏膜病变
1. 舌面黏膜形成水疱 2. 下切齿齿龈黏膜
出现大小不等的水疱 3. 舌面黏膜的糜烂

（王凤龙）

（七）牛病毒性腹泻-黏膜病（bovine virus diarrhea-mucosal disease）病理

病变要点：

消化道黏膜出现纤维素性坏死性炎，坏死物和纤维素脱落后形成糜烂或溃疡，有时伴有不同程度的出血，最具特征性的病变是食管黏膜表面纵行排列的溃疡灶。

大体标本：

（1）犊牛病毒性腹泻-黏膜病口腔黏膜糜烂和溃疡：标本取自患牛病毒性腹泻-黏膜病犊牛。

观察：发病犊牛的齿龈黏膜、齿板黏膜和鼻唇镜皮肤发生大面积的糜烂和溃疡，黏膜和皮肤大面积脱落，可见明显的出血（图 20-4）。

（2）犊牛食道坏死性纤维素性炎：标本取自患牛病毒性腹泻-黏膜病犊牛。

观察：食道黏膜出现多发性条索状溃疡灶，溃疡面被大量黄白色绒毛状的纤维蛋白和坏死物质覆盖，形成黏膜坏死性纤维素性炎病变，使黏膜表面明显粗糙。

图 20-4 犊牛口腔齿板黏膜和齿龈
黏膜糜烂和溃疡

（王金玲）

（八）绵羊肺腺瘤（sheep pulmonary adenoma）病理

病变特点：

病变肺组织质地变实，表面和切面有灰白色或灰红色大小不等的结节，病变多集中于尖叶、心叶和膈叶的前下缘。镜检，见病变部位的肺泡壁上皮细胞转变为立方形的肿瘤细胞，瘤组织向肺泡腔生长形成乳头状突起。

大体标本：

绵羊肺腺瘤：标本为绵羊肺腺瘤病例的肺。

观察：在肺的表面和切面均见有大小不等、灰白色、质地变实的结节状病灶，该部稍向表面隆起，使整个肺变得充实肿大。此即肺腺瘤的眼观形象（二维码 20-22）。

肺腺瘤主要是肺泡壁上皮细胞转变为瘤细胞高度增生而形成的，是由肺腺瘤病毒引起。

二维码 20-22 肺腺瘤肺变化（绵羊）

病理切片：

绵羊肺腺瘤：标本取自患病绵羊的肺。

观察：眼观在肺组织中散在有结节状、粟粒大或黄豆大、小叶性或融合性的实质区。镜检，肺泡壁上皮细胞普遍转变为瘤细胞，为立方形或柱状，排列紧密，呈乳头状向肺泡腔凸起，有些肺泡壁上皮细胞脱落，蓄积在肺泡腔；肺间质，主要是肺泡壁间隔、小血管和支气管周围见淋巴细胞增生或浸润；部分区域支气管和肺泡腔见有中性粒细胞浸润，为继发感染所致（图 20-5、二维码 20-23）。

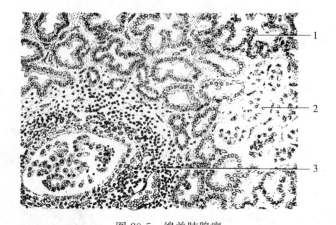

二维码 20-23 肺腺瘤肺病理组织学变化（绵羊，HE，200×）

图 20-5　绵羊肺腺瘤

1. 瘤细胞增生形成乳头状，向肺泡腔凸起　2. 瘤细胞呈立方形、柱状　3. 间质淋巴细胞、巨噬细胞增生

（么宏强）

（九）小反刍兽疫（peste des petits ruminants）病理

病变要点：

消化道黏膜形成坏死、糜烂和溃疡，并有不同程度出血；肺呈出血性间质性肺炎，镜检肺泡隔淤血、出血、炎性细胞浸润，肺泡隔增宽。肺泡腔出现大量巨噬细胞、上皮样细胞和较少合胞体细胞，后者胞质内出现嗜酸性包涵体。

大体标本：

（1）小反刍兽疫口腔和食道黏膜病变：标本为患小反刍兽疫羊的口腔和食道。

观察：患病羊口腔黏膜色潮红，口腔和周围出现不同程度的糜烂和溃疡，咽、喉和食管呈条状坏死或糜烂。

（2）小反刍兽疫肺病变：标本为患小反刍兽疫羊的肺。

观察：肺弥漫性肿胀，暗红色，质地变实，表面和切面有灰白色大小不等的结节。

病理切片：

小反刍兽疫肺病变：标本取自患小反刍兽疫羊的肺组织。

观察：肺泡间隔血管扩张、淤血，红细胞渗出，淋巴细胞和巨噬细胞渗出、增生，肺泡隔增宽。肺泡腔可见大量巨噬细胞和上皮样细胞，也可见核数量较多的合胞体细胞，一些合胞体细胞胞质出现嗜酸性包涵体。支气管和细支气管上皮细胞变性、坏死、脱落，管腔充满渗出液、脱落的上皮细胞和巨噬细胞，周围有淋巴细胞、巨噬细胞渗出。

小反刍兽疫病毒对多脏器组织的淋巴细胞和上皮细胞有特殊的亲和性，可在上皮细胞和合胞体细胞中形成具有特征性的胞质内嗜酸性包涵体，有时可见核内包涵体；淋巴细胞和上皮细胞坏死，血液淋巴细胞减少，这种病变具有诊断价值。

（刘永宏）

（十）鸡新城疫（Newcastle disease）病变

病变要点：

本病的病变特征主要为消化道黏膜的固膜性炎灶、糜烂和溃疡，腺胃黏膜出血，淋巴组织（脾、胸腺、法氏囊）等坏死和出血，非化脓性脑脊髓炎。

大体标本：

（1）鸡新城疫消化道的病变：标本取自新城疫病例的消化道。

观察：食管与腺胃交界处的黏膜皱褶间见有数个针尖大或小米大的黄白色固膜性炎灶，在小肠黏膜见数个杏仁大或高粱米大灰黄色稍隆起的病灶，在两侧盲肠的起始部（盲肠扁桃体）也各有一个杏仁大的病灶，直肠黏膜也见数个小米大到高粱米大的灰黄色病灶。这些病灶都是在肠壁淋巴组织坏死或出血的基础上形成的局灶性固膜性肠炎（图20-6）。

（2）鸡新城疫回盲口处的病变：标本取自新城疫病例的消化道。

观察：标本主要显示回盲口处的病变形象，一例从浆膜面观两侧回盲口处，各有一个暗褐色枣核样的肿大；另一例剪开肠壁从黏膜面观该部，见向上隆起、表面粗糙、凸凹不平、呈灰褐色的病灶，这是在局部淋巴组织出血肿胀

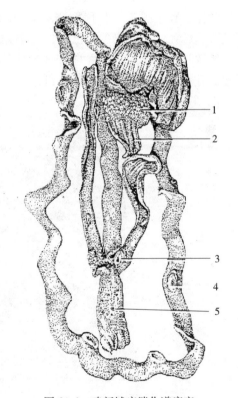

图20-6　鸡新城疫消化道病变
1. 腺胃黏膜肿胀、出血　2. 腺胃与食管交界处黏膜皱褶出血　3. 盲肠扁桃体的固膜性炎灶　4. 小肠黏膜局灶性固膜性炎灶　5. 直肠黏膜散在的小坏死灶

和坏死的基础上所形成的局灶性固膜性肠炎（二维码20-24）。

病理切片：

（1）鸡新城疫小肠固膜性肠炎：标本取自新城疫患鸡的小肠。

观察：眼观小肠有局灶性出血和固膜性肠炎。低倍镜下环视整个小肠黏膜，可见数处局灶性固膜性炎灶。病灶部的组织完全崩解，肠绒毛的固有形象消失，坏死物与渗出的纤维素等融合形成无结构的粉红染物，其中密布大量细胞碎片和核碎片。固膜性炎灶大小不等，有的仅限于固有层，有的深达黏膜下层，病灶周围可见轻度的炎性充血、出血和炎性细胞浸润；未发生坏死的黏膜，呈卡他性炎，表现为一部分上皮细胞变性脱落，另一部分上皮细胞黏液分泌亢进，因而出现大量蓝染的黏液性物质。此外，在固有层尚见充血、出血和淋巴细胞增生与浸润现象（二维码20-25）。

小结：在新城疫病毒作用下，肠壁淋巴滤泡发生坏死和炎症，继而该部的小动脉壁出现纤维素样坏死而出血，并引起周围反应性充血，使坏死与渗出的浆液-纤维素和细胞成分互相融合，构成固膜性肠炎，这是本病的特征性变化。

（2）鸡新城疫坏死性脾炎：标本取自鸡新城疫病例脾。

观察：脾组织有大小不等、形态不规则的坏死灶，病灶的淋巴细胞、网状细胞坏死，与渗出的浆液、纤维素融合形成红染无结构物质，其中见细胞碎片和核碎片。残留的鞘动脉周围网状细胞变性、肿胀，鞘疏松、增厚。残存的白髓体积变小，淋巴细胞减少。小梁和被膜疏松，染色变淡（图20-7、二维码20-26）。

二维码20-24
新城疫肠黏膜固膜性炎灶（鸡）

二维码20-25
新城疫固膜性肠炎（鸡，HE，100×）

二维码20-26
新城疫脾坏死性炎（鸡，HE，200×）

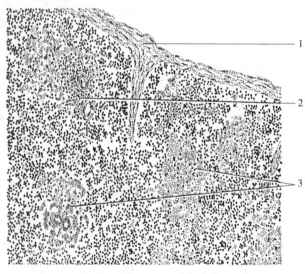

图20-7　鸡新城疫坏死性脾炎

1. 被膜和小梁疏松、肿胀　2. 白髓细胞坏死，淋巴细胞减少，红细胞渗出
3. 脾组织出现大小不等的坏死灶，其中见细胞碎片和核碎片、浆液和纤维素渗出

（杨　磊　石火英）

（十一）鸭病毒性肝炎（duck viral hepatitis）病理

病变要点：

肝肿大、变性并有出血。镜检，肝细胞颗粒变性、脂肪变性，甚至坏死，坏死灶周围及肝细胞之间有淋巴细胞等炎性细胞浸润，并见红细胞渗出，肝细胞和枯否细胞内可出现包涵体。

大体标本：

鸭病毒性肝炎肝病变：标本取自鸭病毒性肝炎病例的肝。

观察：肝肿大，质脆易碎，颜色变淡，呈淡红色或花斑状，严重者呈灰白色或黄土色，表面有点状或斑状出血。胆囊肿大，充满褐色或淡绿色胆汁。

病理切片：

鸭变质性肝炎：见实验六图 6-2 及相关文字内容。

（十二）小鹅瘟（gosling plague）病理

病变要点：

小鹅瘟的急性病变为败血症变化；亚急性为小肠的卡他性炎和纤维素性坏死性肠炎，空肠和回肠坏死脱落的黏膜与渗出的纤维素等混杂在肠腔形成栓塞，或形成伪膜包裹在肠内容物表面；小鹅瘟也可引起病毒性肝炎。镜检，见肠黏膜绒毛上皮细胞变性和坏死，细胞崩解，纤维素和炎性细胞渗出等。

大体标本：

（1）小鹅瘟肝、脾和胰腺变化：标本取自小鹅瘟病例。

观察：肝淤血肿大，质脆易碎，或呈变性色彩，表面有灰白色针尖至粟粒大的坏死灶。脾和胰腺淤血肿大，有针头大坏死灶。

（2）小鹅瘟消化道变化：标本取自小鹅瘟亚急性型病例的肠道。

观察：十二指肠黏膜潮红肿胀，出现出血斑。空场和回肠黏膜坏死、脱落，并与渗出的纤维素混杂而形成栓塞物，栓塞物柱形、质地硬实、淡黄色，堵塞肠腔而使肠管膨大。

病理切片：

小鹅瘟肠道变化：标本取自病程较长的小鹅瘟病例。

观察：肠黏膜绒毛肿胀、变性和坏死，细胞崩解。黏膜层小血管渗出的纤维素与坏死物质凝固在一起，和原组织分离。肠壁残存的固有层有淋巴细胞、单核细胞等浸润，其中杂有少数异嗜性（伪嗜酸性）粒细胞。炎症可达肌层，平滑肌纤维空泡变性或蜡样坏死。

（石火英）

（十三）马立克病（Marek's disease）病理

病变要点：

病鸡内脏器官（肝、脾、肺、肾、心肌、腺胃等）、皮肤形成肿瘤结节，外周神经（坐骨神经、翼神经等）增粗，虹膜增厚呈灰蓝色。镜检，病变组织中多形态淋巴细胞（大、中、小和原淋巴细胞）增生。

大体标本：

鸡马立克病外周神经病变：见实验四图 4-3 及相关文字内容。

病理切片：

鸡马立克病坐骨神经变化：标本取自鸡马立克病例的坐骨神经。

观察：神经纤维的横断面上，在小动脉外围、神经纤维之间、神经束膜和神经外膜上均可见到局灶性或弥漫性的淋巴细胞增生和浸润，细胞的形态和大小极不一致，其中有大淋巴细胞、中淋巴细胞、小淋巴细胞、浆细胞、原淋巴细胞和马立克病细胞，后者胞体大、胞核浓染、结构不清、胞质嗜碱性。神经纤维变性，出现髓鞘脱失现象，可见髓鞘呈不均匀肿胀，轴突与神经内膜之间呈空白区域，有的轴突肿胀或消失（图 20-8、二维码 20-27）。

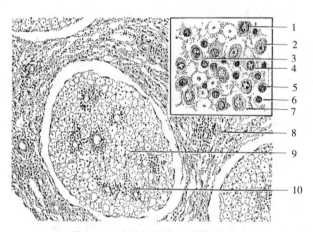

二维码 20-27
马立克病
坐骨神经多
形态淋巴
细胞增生
（鸡，HE，200×）

图 20-8　鸡马立克病坐骨神经病变
1. 马立克病细胞　2. 原淋巴细胞　3. 大淋巴细胞　4. 浆细胞
5. 中淋巴细胞　6. 小淋巴细胞　7. 网状细胞　8. 神经束膜小血
管周围肿瘤细胞增生　9. 神经脱髓鞘现象　10. 神经纤维间、
小血管周围大量多形淋巴细胞（肿瘤细胞）增生

（王凤龙）

（十四）禽白血病（avian leukemia）病理

病变要点：

禽白血病导致多种组织和器官肿胀，形成局灶性或弥漫性肿瘤结节，肝和脾病变尤为明显。淋巴细胞性白血病肿瘤细胞为大小较一致的原淋巴细胞，骨髓细胞性白血病肿瘤细胞为髓细胞，其胞质丰富，其中充盈大量圆形嗜酸性颗粒。

大体标本：

（1）淋巴细胞性白血病法氏囊病变：标本取自淋巴细胞性白血病病死鸡。

观察：法氏囊黏膜面高度肿大，外形不规则。其黏膜皱褶不规则，大小不等，有的肿胀、变形并形成大小不一的结节状瘤块。此为鸡淋巴细胞性白血病法氏囊原发性肿瘤灶的眼观形象（图 20-9）。

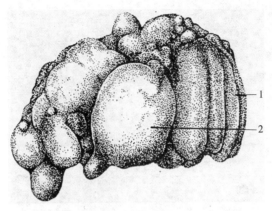

图 20-9　鸡淋巴细胞性白血病法氏囊病变
1. 相对正常的法氏囊黏膜皱褶
2. 黏膜皱褶肿大呈结节状肿块

二维码 20-28
淋巴细胞白
血病肝肿大
（鸡）

（2）鸡淋巴细胞性白血病肝病变：标本取自鸡淋巴细胞性白血病病死鸡。

观察：肝高度肿大，已覆盖大部分腹腔，质地较脆，肝表面可见大小不等的圆形、不规则形的灰白色肿瘤病灶，肝表面稍见不平（二维码 20-28）。

（3）鸡骨髓细胞性白血病胸骨内表面肿瘤：标本取自人工感染骨髓细胞瘤病病毒实验鸡。

观察：胸骨胸膜表面可见黄白色扁平隆起或结节状的大小不等的肿瘤。

病理切片：

（1）鸡肝转移性淋巴细胞性白血病：标本取自鸡淋巴细胞性白血病病死鸡的肝。

二维码 20-29
淋巴细胞性
白血病肝原
淋巴细胞增生
（鸡，HE，200×）

观察：低倍镜下，整个肝组织可见大小不等的呈圆形结节状或不规则的肿瘤细胞增生灶。高倍镜观察，见肿瘤灶内为大量肿瘤性原淋巴细胞，肿瘤细胞的形态基本一致，大小略有差异。肿瘤细胞胞核较大，呈圆形，多数染色较深，少部分偏淡或出现空泡，细胞核分裂象多见；肿瘤细胞胞质较丰富，略嗜碱性，肿瘤灶内有些肿瘤细胞坏死，呈现核浓缩、核破碎或核溶解现象。病灶内的大部分肝细胞消失，残存的肝细胞被肿瘤细胞不规则地分隔，有些肝细胞还出现核浓缩、核破碎、核溶解等坏死变化，完全失去肝组织的原有形象（图 20-10、二维码 20-29）。

（2）鸡骨髓细胞性白血病：标本取自人工感染骨髓细胞瘤病病毒实验鸡的胸骨肿瘤组织。

观察：肿瘤组织内肿瘤细胞体积较大、圆形或椭圆形；核大，一般为圆形或椭圆形，常偏于一侧，有核仁，分裂象多见；丰富的胞质中充盈大量圆形嗜酸性颗粒。

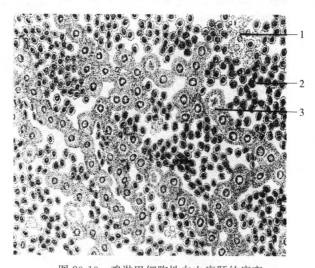

图 20-10　鸡淋巴细胞性白血病肝的病变

1. 瘤组织内瘤细胞呈小灶性坏死，局部淡染　2. 肝组织内大量
肿瘤性原淋巴细胞增殖，呈膨胀性生长，密集成团　3. 残存的肝细
胞变性和散在性坏死

（王金玲）

（十五）传染性法氏囊病（infectious bursal disease of chicken）病理

病变特点：

本病特点为法氏囊肿大、出血呈紫红色，或法氏囊萎缩；法氏囊内淋巴细胞坏死，并出现不同程度出血。胸部、腿部肌肉出血，肾尿酸盐沉积和肾肿。

大体标本：

传染性法氏囊病法氏囊病变：标本取自患传染性法氏囊病鸡的法氏囊。

观察：法氏囊肿大到正常的 2～3 倍，外形变圆，囊壁增厚，囊外周有浅黄色胶冻样物。

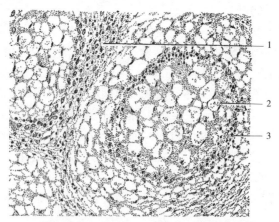

图 20-11　鸡传染性法氏囊病法氏囊病变

1. 淋巴滤泡间结缔组织增生和伪嗜酸性粒细胞浸润　2. 淋巴滤
泡大量淋巴细胞坏死消失　3. 淋巴滤泡边缘残留的淋巴细胞

黏膜面红肿，黏膜皱褶明显增厚，并有暗红色出血斑点和灰白色坏死斑点，黏膜面附着黏液分泌物和黄白色干酪样物。

病理切片：

传染性法氏囊病法氏囊病变：标本取自传染性法氏囊病病例的法氏囊。

观察：可见法氏囊黏膜上皮细胞变性、脱落，大多数淋巴滤泡中淋巴细胞坏死、崩解并伴有红细胞渗出，病变严重的淋巴滤泡内淋巴细胞显著减少，滤泡空腔化。部分病变滤泡的髓质区网状细胞增生，上皮细胞再生，形成腺管状结构。滤泡间充血、出血，少量异嗜性（伪嗜酸性）粒细胞浸润（图 20-11、二维码 20-30）。

二维码 20-30
传染性法氏囊
病法氏囊淋
巴细胞坏死
（鸡，HE，400×）

（杨　磊）

（十六）禽脑脊髓炎（avian encephalomyelitis）病理

病变要点：

眼观病变不明显。镜检病变以非化脓性脑脊髓炎为主，常见神经细胞胞质中央染色质（尼氏小体）溶解。

病理切片：

禽脑脊髓炎病变：标本取自患禽脑脊髓炎鸡腰段脊髓。

观察：患鸡生前表现为共济失调，同时伴有头颈震颤，未见明显眼观变化。镜检可见呈非化脓性脊髓炎形象。小血管扩张充血，血管周围淋巴细胞浸润并形成管套；胶质细胞弥漫性增生和胶质小结形成；神经细胞变性坏死，也可见卫星现象和噬神经元现象。其特征性变化是神经细胞发生中央染色质（尼氏小体）溶解，即神经细胞胞体肿大，核也肿胀淡染、偏位，并逐渐溶解消失，核周围的尼氏小体溶解消失，故中央淡染，仅其边缘嗜碱染着色深（图 20-12、二维码 20-31、二维码 20-32）。

二维码 20-31
禽脑脊髓炎脑组
织小血管管套
（鸡，HE，400×）

二维码 20-32
禽脑脊髓炎脑组
织神经细胞中央
染色质溶解
（鸡，HE，400×）

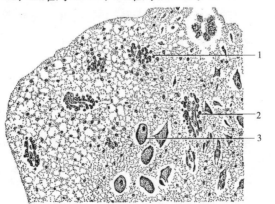

图 20-12　禽脑脊髓炎腰段脊髓病变
1. 胶质细胞局灶性增生，形成胶质小结　2. 小血管周围
淋巴细胞渗出，形成管套　3. 神经细胞肿大，中央染色质溶解

（王凤龙）

（十七）禽流感（avian influenza）病理

病变要点：

高致病性禽流感急性病例头部、颈部和腿部皮下水肿、出血，口腔、心外膜、体腔浆膜、肌胃角质下层、十二指肠黏膜点状出血，实质器官出现变质性病变，肺发生不同程度的肺炎（二维码20-33）。

大体标本：

（1）皮肤与皮下组织病变：标本取自高致病性禽流感病例。

观察：病鸡头部、颈部、腿部皮下明显水肿、出血，脚部鳞片下出血尤其明显，因水肿导致面部和颌下显著肿胀，胫趾关节肿胀、出血。病鸡局部皮肤、鸡冠、肉髯有大小不等白色坏死灶。

（2）胃与肠道病变：标本取自高致病性禽流感病例。

观察：病鸡腺胃黏膜严重出血、坏死，腺胃乳头顶部和腺胃与肌胃交界处出血尤其明显，肌胃角质下层出血十分严重。十二指肠黏膜有明显的斑点状出血，空肠、回肠、盲肠黏膜也有出血点和出血斑（二维码20-34）。

（3）心和胰腺病变：标本取自高致病性禽流感病例。

观察：心外膜冠状沟见大小不等出血点和出血纹理，心肌色彩不均一，表面出现较多的灰白色条纹，心肌呈虎斑心变化；胰腺肿胀，表面与切面常可见黄白色、大小不等、类圆形的坏死病灶（二维码20-35）。

病理切片：

（1）坏死性心肌炎：标本取自禽流感病鸡的心。

观察：心肌纤维大量变性、坏死，甚至断裂、崩解，肌纤维间水肿、出血及有较多炎性细胞浸润（二维码20-36）。

（2）坏死性胰腺炎：标本取自禽流感病鸡的胰腺。

观察：胰腺实质坏死，腺泡上皮细胞广泛坏死、溶解，坏死严重的部位细胞基本消失，仅存留空泡，其周围有数量不等的淋巴细胞等炎性细胞浸润。

二维码 20-33
禽流感腿部
爪部皮肤出血
（鸡）

二维码 20-34
禽流感肠黏
膜出血（鸡）

二维码 20-35
禽流感心外
膜出血（鸡）

二维码 20-36
禽流感心肌炎
（鸡，HE，
100×）

三、作业

（1）根据观察的标本，描述大体标本的病理变化。

（2）根据观察切片的病理变化，绘制病理组织图，并标注和描述病变特征。

（贾　宁）

实验二十一

寄生虫病病理

一、实验目的

认识和掌握牛泰勒焦虫病、球虫病、住白细胞虫病、组织滴虫病的特征性病变，为进行寄生虫病的病理诊断和探讨发病机理打下基础。

二、实验内容

（一）牛泰勒焦虫病（theileriosis）病理

病变特点：

在淋巴结、脾、肝、肾等组织器官形成由巨噬细胞和淋巴细胞增生为主的泰勒虫性结节，其胞质可见圆形或椭圆形的泰勒焦虫裂殖体；局部组织坏死、出血和贫血。

大体标本：

牛泰勒焦虫病真胃黏膜的结节和溃疡：标本取自牛泰勒焦虫病病例的胃。

观察：胃底黏膜散在大小不等、隆起的灰白色结节，在这些结节病变的基础上形成大小不等的溃疡灶，溃疡中央凹陷，边缘隆起，周围充血、出血呈暗红色（图 21-1、二维码 21-1）。

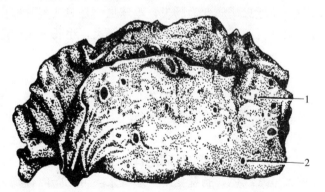

二维码 21-1
泰勒焦虫病
胃黏膜病变
（牛）

图 21-1 牛泰勒焦虫病真胃黏膜病变
1. 真胃黏膜形成大小不等的结节
2. 真胃黏膜面出现大小不等的溃疡

病理切片：

牛泰勒焦虫病真胃黏膜病变：标本取自牛泰勒焦虫病病例的胃。

观察：真胃黏膜固有层出现巨噬细胞和淋巴细胞为主的增生性结节，其中有的巨噬细胞胞质内形成泰勒焦虫聚集的石榴体；部分结节的细胞和相应黏膜上皮细胞坏死崩解，局部形成溃疡灶，病灶周围充血、出血和炎性细胞浸润（图 21-2、二维码 21-2）。

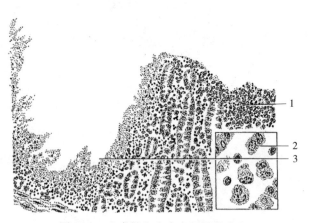

二维码 21-2 泰勒焦虫病胃黏膜病理组织学变化（牛，HE，100×）

图 21-2　牛泰勒焦虫病真胃黏膜病变

1. 黏膜巨噬细胞和淋巴细胞形成的增生性细胞结节，上皮细胞脱落　2. 巨噬细胞胞质内的石榴体　3. 黏膜出现溃疡灶，病灶周围充血、出血和炎性细胞浸润

（王凤龙）

（二）球虫病（coccidiosis）病理

病变特点：

兔球虫病是艾美耳球虫寄生于肝内胆管和肠道黏膜而引起的原虫病，肝球虫病病变为胆管炎及其沿线形成结节，肠球虫病病变为肠炎；鸡球虫病是鸡艾美耳球虫侵害肠道引起的寄生虫病，柔嫩艾美耳球虫（盲肠球虫）引起出血性盲肠炎，小肠球虫引起小肠的卡他性出血性炎。

大体标本：

（1）兔肝球虫病：标本取自兔球虫病病例肝。

观察：肝肿大，肝表面及深层沿小胆管分布数量不等、形状各异的淡黄色或灰白色结节，粟粒至豌豆大，内为白色脓样物。

（2）鸡盲肠球虫病：标本取自鸡球虫病病例盲肠。

观察：盲肠高度肿大呈紫红色，肠壁变薄，通过浆膜可见肠内容物为黑红色。肠腔充满暗红色内容物，黏膜可见明显的出血斑并伴有大片黏膜坏死脱落。

病理切片：

兔球虫病肝胆管炎：标本取自兔球虫病病例胆。

观察：胆管扩张，胆管上皮细胞增生，形成乳头状突起伸向管腔，上皮细胞肿大，胞质出现椭圆形、较大的球虫裂殖体，有的出现大量颗粒状的裂殖子。管腔蓄积大量脱落的上皮细胞、裂殖体卵囊及炎性渗出物（图 21-3、二维码 21-3）。

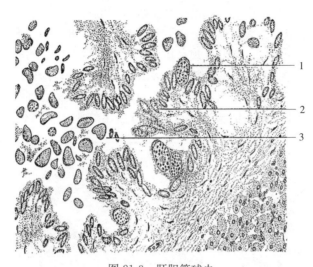

图 21-3　肝胆管球虫
1. 胆管上皮细胞内的球虫裂殖体和裂殖子　2. 胆管上皮细胞
增生呈乳头状　3. 脱落的胆管上皮细胞和裂殖体

二维码 21-3
球虫病胆管
上皮细胞卵囊
（兔，HE，200×）

（杨　磊）

（三）住白细胞虫病（leucocytosis）病理

病变要点：

急性发病的雏鸡或青年鸡，以全身广泛的出血为特征。镜检，多数组织和器官的血管内皮细胞肿胀、变性或坏死，红细胞渗出。

病理切片：

鸡卡氏白细胞虫病肝：

说明：肝组织取自急性发病的青年鸡。病鸡消瘦，冠和肉髯苍白，肌肉色淡，皮下、心、肺、肝、脾、肾等组织和器官出血，气管和支气管内有血凝块，消化道黏膜明显出血，肠腔有凝血决。肺、肝、肾和肌肉出血点中心呈针尖至粟粒大的灰白色或略带黄色的小结节。

观察：可见肝组织内数量不等的巨型裂殖体，内含蓝色裂殖子，肝细胞变性、坏死。血管内皮细胞肿胀、变性或坏死，血管内可见数量不等的裂殖子，血管周围异嗜性粒细胞和淋巴细胞浸润。

（石火英）

（四）组织滴虫病（histotrichomoniasis）病理

病变要点：

盲肠发生出血性坏死性炎，肝发生坏死性炎，在盲肠腔形成干酪样物，肝表面出现大小不等、灰白色坏死灶。病变部的肠上皮细胞、肝细胞、胆管上皮细胞内可见组织滴虫虫体。

病理切片：

组织滴虫病肝病变：标本取自火鸡组织滴虫病病例肝。

观察：眼观肝质地变软，表面散在分布数量不等的粟粒大、绿豆大至榛子大灰黄色或黄绿色中央凹陷边缘隆起的病灶，使肝外观呈斑驳状。镜检病灶中心的肝细胞已完全坏死、崩解，甚至溶解，其中散在一些伪嗜酸性粒细胞及其核破碎产物；附近的肝细胞排列紊乱，有时也发生变性和坏死。在坏死灶及周围见有许多巨噬细胞和多核巨细胞，在其胞质可见一个或数个圆滴状的组织滴虫虫体，细胞崩解后虫体可溢出细胞，虫体也可崩解（图21-4、二维码21-4）。

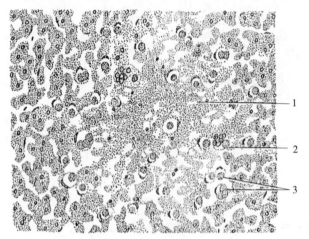

二维码 21-4
组织滴虫病
肝细胞坏死
（火鸡，HE，
400×）

图 21-4　组织滴虫病肝病变
1. 坏死灶内大部分肝细胞溶解消失　2. 坏死灶附近多核
巨细胞内的组织滴虫　3. 巨噬细胞内的组织滴虫

三、作业

（1）根据观察的标本，描述大体标本的病理变化。

（2）根据观察切片的病理变化，绘制病理组织图，并标注和描述病变特征。

（王凤龙）

2

第二部分

病理学实验技术

畜禽尸体剖检技术

一、尸体剖检的目的

尸体剖检（autopsy）是兽医病理学实验、研究和病理学诊断的一种常用方法，是运用病理学知识检查尸体各组织器官的病理变化，以查明动物发病和死亡的原因，及阐明疾病发生发展规律。也可通过尸体剖检资料的积累，为各种疾病的综合研究提供重要的依据。通过尸体剖检实验课，基本掌握动物尸体剖检的方法，明确尸体剖检应注意的问题，掌握尸体剖检记录和尸检报告的填写方法，能够正确选取和寄送病理组织学材料。

二、尸体剖检注意事项

（一）基本情况的了解

尸体剖检前，应先了解动物的饲养管理情况、免疫情况、疾病流行情况、临床症状、诊断、治疗用药情况等。

（1）饲养管理情况：养殖动物的品种、数量、养殖方式、饲喂情况等。

（2）免疫情况：免疫疫苗的种类、免疫程序、免疫时间等。

（3）疾病流行情况：发病率、死亡率、传播速度、发病年龄、发病品种、周边地区动物疾病的发生情况等。

（4）临床症状：体温、呼吸、心率，消化系统、呼吸系统、泌尿系统、神经系统等相关症状等，病程长短，死亡速度情况等。

（5）临床诊断情况：临床诊断为何种疾病，可为病理检查和病理诊断提供依据。

（6）治疗用药情况：用药种类、用药方法、治疗效果等。

（二）尸体表面的检查

仔细检查尸体表面的特征（如姿势、卧位、尸冷、尸僵和腹部膨气等情况），以及天然孔、被毛、皮肤、关节、蹄（趾）部等有无异常等。这些都是剖检人员应特别注意的。如果怀疑为炭疽时，应先采取尸体末梢血液做涂片检查，对猪则做下颌淋巴结涂片染色检查，确诊为炭疽时，应禁止剖检。同时应将尸体和被污染的场地、器具等进行严格消毒和处理。

（三）尸体剖检的时间

动物死后要尽早剖检。尸体放久后，由于尸体的腐败和自溶等变化，影响对病变的观察和判断。动物死后变化的发展快慢与外环境温度、体型大小、动物疾病等有关，可根据死后变化的具体情况判断是否有剖检价值。在外界温度 20 ℃左右时，动物死后超过 24 h，由于死后变化严重，一般就失去剖检的意义。最好在白天剖检，以便观察病变，如果在灯光下剖检，光线要充足。

（四）尸体剖检的地点

尸体剖检一般应在病理剖检室进行，以便消毒和防止病原的扩散。如果条件不许可而在室外剖检时，应选择地势较高、环境较干燥，且远离水源、道路、房舍和养殖区的地点进行。剖检后对被污染的环境彻底消毒。

（五）尸体剖检器材、药品和用品的准备

剖检最常用的器材有剥皮刀、脏器刀、脑刀、外科剪、肠剪、骨剪、外科刀、外科镊、骨锯、骨斧、骨凿、阔唇虎头钳、探针、量尺、量杯、注射器和针头、天平、磨刀棒等。

固定液和消毒液的准备：最常用的固定液是 10％福尔马林，有特殊要求可准备特殊固定液，如取电镜材料要准备 2.5％～4％戊二醛，准备常用高效消毒液、75％乙醇棉球和 3％～5％的碘酊棉球。

此外，还应准备记号笔、记录纸、标签纸、标本瓶、结扎线、棉花、纱布、防护服、口罩、鞋套等。

（六）剖检人员的防护

剖检人员（特别是剖检传染病尸体时）应穿着防护服、外罩胶皮或塑料围裙，戴口罩、胶手套、线手套、工作帽、穿胶鞋或鞋套，必要时还要戴上护目镜。在剖检中不慎切破皮肤时，应立即消毒和包扎。剖检后，对剖检器械、衣物等都要消毒和洗净后擦干或晾干。

（七）尸体的消毒和处理

剖检前应在尸体表面喷洒消毒液。搬运尸体时，特别是炭疽等传染病的动物尸体，应先用浸透消毒液的棉花团塞住天然孔，并用消毒液喷洒体表，然后装入塑料袋密封，方可运送，对运送的所有用具都要严格消毒。尸体剖检后，对尸体进行高温高压或焚烧做无害化处理。

三、死后变化

动物死亡后，受体内存在的酶和细菌的作用，以及外界环境的影响，尸体逐渐发生一系列的死后变化。主要包括尸冷、尸僵、尸斑、血液凝固，尸体自溶和尸体腐败。正确地辨认尸体变化，可以与生前的病理变化区别，以免对病变的判断失误和错误地进行疾病病理

诊断。

(一) 尸冷 (corpse cold)

尸冷指动物死亡后尸体温度逐渐降低的现象。尸体温度下降的速度，在死后最初几小时较快，以后逐渐变慢。在室温条件下，通常每小时下降1℃。尸冷受季节的影响，冬季寒冷将加速尸冷过程，而夏天炎热则将延缓尸冷过程。尸温的检查有助于确定死亡的时间。

(二) 尸僵 (rigor mortis)

动物死亡后，最初由于神经系统麻痹，肌肉失去紧张而松弛柔软。但经过很短的时间后，肢体的肌肉即行收缩变得僵硬，四肢各关节不能伸屈，使尸体固定于一定的形状，这种现象称为尸僵。尸僵开始的时间，随外界条件及机体状态不同而异，大中动物一般在死后1~6 h开始发生，首先从头部肌肉开始，以后在颈部、前肢、后躯和后肢的肌肉逐渐发生。此时各关节肌肉僵硬而被固定，经10~24 h发展完全。在死后24~48 h尸僵开始消失，肌肉变软。尸僵也可发生在心肌和平滑肌。心肌发生尸僵时收缩变硬，将心内的血液排出，这在左心室表现得最明显，而右心则往往残留少量血液。平滑肌发生尸僵时，可使组织器官收缩变硬。

(三) 尸斑 (cadaveric ecchymoses)

动物死亡后，由于重力作用，血液流向尸体的卧侧组织器官，使该部血管扩张、淤积血液，这种现象称沉降性淤血或尸斑坠积，形成的红色斑块称为尸斑。动物死亡后经1~1.5 h即可能出现尸斑，发生尸斑坠积的组织呈暗红色，初期按压该部可使红色消退，随着时间的延长，红细胞崩解，血红蛋白溶解在血浆并向周围组织浸润，结果使心内膜、血管内膜及其周围组织染成红色，这种现象称为尸斑浸润，一般在死后24 h左右开始出现。尸斑浸润的变化在改变尸体位置时不会消失，对死亡时间和死后尸体位置的判定有一定的意义。动物的尸斑，不仅于倒卧侧皮肤可以看到，在内脏器官也可发生，尤其是成对的器官，如肾、肺等其卧侧表现尤为明显。

(四) 血液凝固 (blood coagulation)

动物死后不久，在心和大血管内的血液即凝固成血凝块。在死后血液凝固较快时，血凝块呈一致暗红色，而血液凝固缓慢时，红细胞等细胞成分在重力作用下向下沉积，血凝块分成明显的两层，上层主要是含血浆成分的淡黄色鸡脂样凝血块，下层为主要含红细胞的暗红色血凝块。血凝块表面光滑、湿润、有光泽、富有弹性，易与心血管内膜分离。动物生前如有血栓形成，则应注意与死后血凝块区别。

血液凝固的快慢与动物死亡的原因有关，如败血症、一氧化碳中毒、窒息等死亡的动物，血液凝固不良。

(五) 尸体自溶和尸体腐败 (autolysis and putrefaction)

(1) 尸体自溶：是指体内组织受到酶（细胞本身的溶酶体、胃蛋白酶、胰蛋白酶等）的作用而引起自体分解的过程。自溶表现最明显的是胃和胰腺，胃黏膜自溶变化表现为黏膜肿胀、变软、透明，极易剥离或自行脱落和露出黏膜下层，严重时自溶可波及肌层和浆膜层，甚至出现死后穿孔。肝、肾等实质器官自溶表现为质地变软、色变淡，初期呈局灶性，以后逐渐扩大，甚至全部溶解。

（2）尸体腐败：是指尸体组织蛋白由于细菌作用而发生腐败分解的现象。参与腐败过程的细菌主要是厌氧菌，它们主要来自体内，特别是消化道。在腐败过程中，体内复杂的化合物分解为简单的化合物，并产生大量气体，如氨气、二氧化碳、甲烷、硫化氢等。因此，腐败的尸体内含有大量的气体。尸体腐败一般从消化道内容物开始，胃肠内容物由腐败菌分解，产生大量气体，可表现为胃肠道臌气，严重臌气时可使腹壁或横膈破裂，有时胃肠也可破裂，这时要注意与生前破裂的区别。腐败菌从胃肠内扩散到胃肠壁，进一步蔓延到腹腔内脏实质器官，最后扩散到全身。腐败尸体的肝、肾、脾等内脏器官表现为体积增大，质地变软，污灰色，被膜下出现小气泡等变化。由于组织分解产生的硫化氢与红细胞分解产生的血红蛋白和铁结合，形成硫化血红蛋白和硫化铁，致使腐败组织呈污绿色，这种变化称为尸绿，尸绿在胃肠道及邻近的组织器官表现的最明显。另外，在尸体腐败的过程中，也产生了大量带恶臭的气体，如硫化氢、甲硫醇、氨等，致使腐败的尸体具有特殊的恶臭气味，称此为尸臭。

四、尸检记录和检验报告

（一）尸体剖检记录

尸体剖检时观察到的病理变化，是病理检验的原始资料，完整、系统、客观地记录非常重要。记录应在剖检的当时进行，不可凭记忆事后补记，以免遗漏或错误。在记录的表头上方写好病例号，表中的各项内容要填写完整，按照了解情况的要求记录临床简历，病变记录的顺序应与剖检顺序一致。

病变要用准确、形象的语言描述记录，一般不用定性或结论性的病理学术语或名词（如坏死、变性和炎症等）来代替病变的描述。如果病变有时用文字难以描述时，可绘简图补充说明。在记录病变时，尽可能同时照相或录像，作为图像资料。病变描述可按以下范围叙述。

（1）位置：指各脏器的位置有无异常表现，脏器彼此之间或脏器与体腔壁间是否有粘连等。如牛真胃移位可见真胃从右侧的正常位置移到瘤胃左侧，肠扭转时可用扭转180°、360°等表示扭转程度。

（2）体积和容积：指各脏器病变的大小变化和腔体内液体数量多少，力求用数字表示，一般用cm、mL为单位。如不易以数据记录的，也可通过组织器官边缘的钝或锐、被膜的紧张度、切面的平整度（隆起或平整）等描述以说明体积的变化，如肝边缘变钝、被膜紧张、切面隆起表明肝肿大。也可用实物比喻，如针尖大、米粒大、黄豆大、鸡蛋大等描述病灶的大小。一般不直接用"肿大""缩小""增多""减少"等主观判断的词语记录。

（3）颜色：单一的颜色可用鲜红、淡红、苍白等词表示，复杂的色彩可用红黄、灰白、灰黄、黄绿、棕褐等词记录。也可用实物形容，如出血性淋巴炎可描述为淋巴结切面出现暗红色、灰白色相间的纹理，呈大理石样变化。

（4）质地和结构：坚硬、柔软、脆弱、胶样、粥样、肉样、颗粒样等。

（5）光泽：对器官的光泽描述，可用有光泽、无光泽、晦暗等词汇描述。

（6）形状：病灶的形状可根据实际或相似的形状记录，一般用圆形、类圆形、三角形、不规则形等，也可用实物比拟，如球形、菜花状、乳头状、结节状、点状、条状等。

（7）表面：指脏器表面及浆膜的异常表现，可用光滑、粗糙、凹陷、凸起等描述，也用实物形容如絮状、绒毛样、虎斑状等。

（8）湿度：一般用湿润、干燥等。有时液体含量多，有液体流出时可记录。

（9）透明度：一般用透明、半透明、澄清、混浊等。

（10）切面：常用平整、隆起、结构不清、血样物流出、致密、疏松等。

（11）气味：常用恶臭、酸败味等。

（12）管状结构：常用管腔扩张、狭窄、闭塞等，管壁增厚、半透明等。

（13）质量：必要时，对病变组织和器官称重，一般以 g、kg 为单位。

对肉眼观察无变化的器官，通常可用"无肉眼可见变化"或"眼观未发现异常"等词来概括。切记不可用"某组织或器官正常"词汇记录（表 22-1）。

表 22-1　动物尸体病理剖检记录

送检时间：　　　　　　　　　　　　　　　　　　　　　　病例号：

畜主		畜号		门诊号	
地址		E-mail		电话	
畜别		品种		性别		年龄	
用途		毛色		营养		特征	
送检单位		送检者		剖检者		记录者	
致死方法		死亡日期		剖检时间	
临床简历（饲养、免疫、疾病流行、临床症状、诊断、用药效果等情况）					
病理变化					

（二）尸体剖检报告

其主要内容应包括以下几部分。

（1）概述（表头）：记载动物主，动物的性别、年龄、特征、临床摘要及临床诊断、死亡日期和时间，剖检日期和时间，剖检号数、剖检人、记录人等。临床摘要及临床诊断要扼要记载流行情况、临床症状、发病经过及诊断和治疗情况。

（2）病理变化：以尸体剖检记录为依据，按尸体所呈现病理变化的主次顺序进行详细、客观的记载，此项可包括肉眼检查和组织学检查，剖检时所做的微生物学、寄生虫学等检查材料也要记载。

（3）病理学诊断：根据剖检所见病变，进行综合分析，找出各病变之间的内在联系、病变与临床症状之间的关系，做出判断。阐明动物发病和致死的原因（表 22-2）。

表 22-2　动物病理检验报告

畜主		住址		E-mail		电话	
畜别	品种	性别	年龄	营养	毛色	用途	
送检材料		送检目的		送检日期		主送者	
病理检验结果							
						检验者	
						年　月　日	

五、病理组织学材料的采取和寄送

在病理尸体剖检的过程中，需要同时采取病理组织学材料，及时固定并送至病理室制作病理切片，进行病理组织学检查。病理组织切片能否完整如实地显示原有的病理变化，与病理材料的选取、固定和送寄有密切相关。因此要注意以下几点。

（一）采取组织的注意事项

（1）切取组织块所用的刀剪要锋利。

（2）切割时必须迅速而准确，勿使组织块受挤压或损伤，以保持组织完整，避免人为造成的变化。因此，对柔软菲薄或易变形的组织如胃、肠、胆囊、肺和水肿组织等的切取，更应注意。

（3）非生理盐水的液体接触可改变其微细结构，所以组织在固定前，勿使自来水冲洗。

（4）有病变的器官或组织，要选择病变显著部分或可疑病灶。取样要全面而具有代表性，能显示病变的发展过程。在一块组织中，要包括病灶及其周围正常组织，且应包括器官的重要结构部分。

（二）采取组织块的大小

采取的组织块通常长宽 1～1.5 cm，厚度为 0.4 cm 左右。必要时组织块的长宽可增大到 1.5～3 cm，但厚度不宜超过 0.5 cm，以便固定。尸检采取组织时，可先切取稍大的组织块，待固定 12～24 h 后，再通过修块将组织切小切薄，如组织切面无血色，表明已固定完全，可进入切片制作过程，相反，需要继续固定，直到固定完全，方可制作切片。修整组织的刀要锋利清洁，最好用硬度适当的石蜡做成的垫板，或用平整的橡胶板。

（三）易变形组织的处理

为了防止组织块在固定时发生弯曲扭转，对易变形的组织如胃、肠、胆囊等，切取后将其浆膜向下平放在稍硬厚的纸片上，使之与纸面黏附，然后徐徐浸入固定液中。

（四）特殊病灶的处理

特殊病灶的组织切块时，为使包埋时不致倒置，应做特殊标记，以资区别。如将病变显著部分的一面平切，另一面可切成不平状。

（五）相似组织的处理

当相似组织块较多，易于造成彼此混淆时，可分别固定于不同的小瓶中，或将组织切成不同的形状，使易于辨认。较小的组织块也可放到包埋盒中，铅笔标记，固定，较大的组织块用纱布包裹，放入用铅笔写的标签，再行固定。

（六）固定液的选择和用量

固定液一般是10％的福尔马林，如取电镜材料可用2.5％～4％的戊二醛固定。固定液的量要相当于组织总体积的5～10倍。固定液容器不宜过小，容器底部可垫以脱脂棉，以防止组织与容器粘连，影响组织固定而发生固定不良或组织变形。肺相对密度较小易漂浮于固定液面，可盖上薄片脱脂棉。为了使组织切片的结构清楚，切取的组织块要立即投入固定液中，固定的组织越新鲜越好。

（七）固定组织的编号

组织块固定时，应将病例编号用铅笔写在小纸片上，随组织块一同投入固定液中，同时将所用固定液、组织块数、编号、固定时间写在瓶笺上。

（八）固定组织的寄送

将固定完全和修整后的组织块，用浸渍固定液的脱脂棉包裹，放置于广口瓶或塑料袋内，并将其口封固。瓶外再套上塑料袋，然后用大小适当的包装盒包装，即可送到病理检验室。同时应将整理过的尸体剖检记录及有关材料一同送往。并在送检单上说明送检的目的与要求，组织块的名称、数量以及其他需说明的问题。除送出的病理组织块外，本单位还应保留一套病理组织块以备用（表 22-3）。

表 22-3　动物病理检验材料送检单

畜主		住址		E-mail		电话	
畜别	品种	性别	年龄	营养	毛色	用途	
送检目的	送检日期		主送者				
送检材料（名称、数量、保存）							
						收验者 年　月　日	

六、几种畜禽病理剖检法

（一）牛的病理剖检法

1. 外部检查

外部检查是在解剖之前对尸体外表状态的检查。通过外部检查，并结合临床资料，对疾病的病理诊断可以提供重要线索，还可为剖检方向给予启示，有时还可以为疾病诊断提供直接依据，如痘病皮肤痘疹、口蹄疫口腔黏膜与蹄部糜烂和溃疡、牛水肿型巴氏杆菌病下颌和颈部肿胀、牛放线菌病下颌骨肿胀等均为特征性病变，急性死亡且天然孔有出血具有炭疽的可能。外部检查的内容主要包括以下几方面。

（1）动物种别、品种、性别、年龄、特征、体态、营养状态等。

（2）被毛的光泽度，有无脱毛及脱毛部位，皮肤的厚度、硬度及弹性，是否有创伤、溃疡、脓肿、肿物、外寄生虫等，有无粪泥和其他污物的污染等。

（3）天然孔（眼、鼻、口、肛门、外生殖器等）的开闭状态，有无分泌物、排泄物及其性状、数量、颜色、气味和浓度等。

（4）可视黏膜（眼结膜，鼻腔、口腔、肛门和生殖器的黏膜）的状况，特别是黏膜色泽变化等。

（5）尸体变化的检查，舌尖伸出口角的位置，尸僵、尸冷、尸斑、尸体腐败等情况，由此可以确定死亡时的位置、死亡的时间，注意尸体变化与病理变化的区别。

2. 内部检查

内部检查包括剥皮、皮下检查、体腔的剖开、内脏器官的采出和检查等。

（1）剥皮和皮下检查：为了检查皮下病理变化，在剖开体腔以前应先剥皮，对腹部臌气特别严重的尸体，可将采血针头插入膨气部，将大部分气体排出之后，再开始剥皮。

剥皮方法：先将尸体仰卧，从下颌间正中线开始，经颈部、胸部正中线，沿腹白线向后直至脐部切开皮肤，在乳房或阴茎与睾丸处为左右两线切开，绕切后再合为一切线，止于尾根部。尾部一般不剥皮，仅在尾根部切开腹侧皮肤，于第一尾椎或第三至第四尾椎处切断椎间软骨，使尾部连在皮肤上。四肢的剥皮可从系部开始做一轮状切线，沿屈腱切开皮肤，前肢至腕关节，后肢至飞节，然后切线转向四肢内侧，与腹正中线垂直相交。头部剥皮可先在口端、眼睑周围和基角周围做轮状切线，然后由颌间正中线开始向两侧剥开皮肤，外耳部连在皮上一并剥离。剥皮一般从四肢开始，由两侧剥向背正中线。剥皮时要拉紧皮肤，刀刃切向皮肤与皮下组织结合处，只切割皮下组织，不要使过多的皮肌和皮下脂肪留在皮肤上，也不要割破皮肤。

皮下检查：在剥皮过程中，要注意检查皮下有无出血、水肿、脱水、炎症和肿物等病变，并观察皮下脂肪组织的多少、颜色、性状及病理变化的性质等。还要注意皮下淋巴结，特别是下颌、肩胛、膝上、乳房上和腹股沟淋巴结的检查，观察其形态、色泽、大小、质地、切面形象等情况。剥皮后，依次对肌肉和乳房或生殖器做检查，检查各部位肌肉的丰瘦程度、色彩和有无病变。乳房的检查注意其外形、体积、质量、硬度等，并以手指轻压乳房，观察分泌物的有无、数量和性状，检查各乳房的乳头有无病变，然后沿腹面中线切开，使分为左右两半割下，必要时再做几个平行切面，注意其乳汁的含量、排乳管性状以及腺体实质和间质的性状和对比关系，有无结节、坏死、脓肿、纤维化、钙化、囊肿和肿瘤等。公牛的外生殖器由腹壁切离至骨盆边缘，视检阴囊后，可待与盆腔的内生殖器同时检查。此外，对唾液腺进行检查时，将耳下腺和颌下腺切开，注意切面有无炎症或导管中有无结石。

皮下检查后，将尸体左侧卧位。为了便于采出脏器，应将尸体右侧的前肢和后肢切离。

前肢的切离可沿肩胛骨前缘、肩胛骨后缘、肩胛软骨部切断肌肉，再将前肢向上方牵引，由肩胛骨内侧切断肌肉、血管和神经等取下前肢。后肢的切离可在股骨大转子部切断前后的肌肉，将后肢向背侧牵引，切断股内侧肌群、髋关节圆韧带，即可取下后肢。

（2）腹腔的剖开和检查：反刍动物的腹腔左侧为瘤胃所占据。为便于腹腔器官的取出和检查，通常采取左侧卧位。

腹腔的剖开：先从肷窝部沿肋骨弓至剑状软骨部做第一切线，再从髋结节前至耻骨联合做第二切线，切开腹壁肌和脂肪层。然后用刀尖将腹膜切一小口，以食指和中指插入腹腔，手指的背面向腹内弯曲，使肠管和腹膜之间有空隙，将刀尖夹于两指之间，刀刃向上，沿上述切线切开腹壁。此时右侧腹壁被切成楔形，左手保持三角形的顶点，徐徐向下翻开，露出腹腔。

腹腔的检查：应在剖开腹腔后立即进行。检查内容包括：①腹腔液的数量和性状；②有无异常内容物，如血凝块、胃肠内容物、脓汁、寄生虫和肿瘤等；③腹膜的性状，如是否光滑，有无充血、出血、纤维素、脓肿、肥厚和肿瘤等；④腹腔脏器的位置和外形，注意有无变位、扭转、粘连、破裂、寄生虫结节等；⑤横膈膜的紧张程度及有无破裂。

（3）胸腔的剖开和检查：

胸腔的剖开：剖开胸腔前，必须先剔除胸壁软组织。为检查胸腔的压力，可用尖刀在胸壁中央部刺一小孔，此时如听到空气进入胸腔的响声，横膈膜向腹腔后退，即证明胸腔为负压（正常）。同时检查肋骨的高度、肋骨和肋软骨结合的状态。

胸腔剖开的方法有两种。一种是将横膈的右半部从右季肋部切下，在肋骨上下两端切离肌肉并做两条切线，用锯沿切线锯断肋骨两端，即可将右侧胸腔全部暴露。另一种是用骨剪剪断近胸骨处的肋软骨，用刀逐一切断肋间肌肉，分别将肋骨向背侧扭转，使肋骨小头周围的关节韧带扭断，一根一根分离，最后使右侧胸腔露出。

胸腔的检查：①检查胸腔液的数量和性状；②胸腔有无异常内容物；③胸膜的性状；④肺的色彩、体积和退缩程度，纵隔和纵隔淋巴结、食管、静脉和动脉有无变化等，对犊牛还要检查胸腺；⑤观察心包膜的状态，心包腔的大小、心包液的数量和性状，心脏的位置、大小、形态及房室充盈程度，心包内膜和心外膜的状态，并注意主动脉和肺动脉开始部位有无变化等。

（4）腹腔脏器的取出：腹腔脏器的取出与检查，可以同时进行，也可以先后进行。为了取出腹腔脏器，应先将网膜切除，然后依次取出小肠、大肠、胃和其他器官。

网膜的切除：以左手牵引网膜，右手执刀，将大网膜浅层和深层分别自其附着部（十二指肠降部、皱胃的大弯、瘤胃左沟和右沟）切离，再将小网膜从其附着部（肝的脏面、瓣胃壁面、皱胃幽门部和十二指肠起始部）切离，此时小肠和肠襻暴露出来。

空肠和回肠的取出：在右侧骨盆腔前缘找出盲肠，沿盲肠体向前找到回盲韧带并切断，分离一段回肠，在距盲肠约 15 cm 处将回肠做二重结扎并切断，由此断端向前分离回肠和空肠直至空肠起始部，即十二指肠空肠曲，再做二重结扎并切断，取出空肠和回肠（图 22-1 空肠和十二指肠的结扎部位）。

大肠的取出：在骨盆腔口找出直肠，将直肠内粪便向前方挤压，在其末端做一次结扎，并在结扎的后方切断直肠。然后握住直肠断端，由后向前把降结肠从背侧脂肪组织中分离出，并切离肠系膜直至前肠系膜根部。再将横行结肠、肠襻与十二指肠回行部之间的联系切

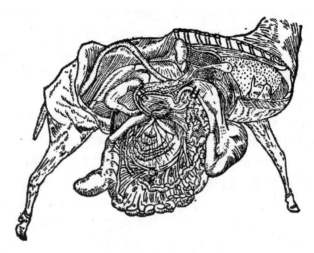

图 22-1　牛左侧卧尸体剖检法
图中所示空肠和十二指肠结扎部位

断。最后把前系膜根部的血管、神经、结缔组织一同切断，取出大肠。

　　胃、十二指肠、胰腺和脾的取出：先检查有无创伤性网胃炎、横膈炎和心包炎，以及胆管、胰管的状态。如有创伤性网胃炎、横膈炎和心包炎时，应立即进行检查，必要时将心包、横膈和网胃一同取出。取出时先分离十二指肠肠系膜，切断胆管、胰管和十二指肠的联系。将瘤胃向后方牵引，露出食管，在其末端结扎并切断。助手用力向后下方牵引瘤胃，术者用刀切离瘤胃与背部相联系的结缔组织，并切断脾膈韧带，即可将胃、十二指肠、胰腺和脾同时取出。

　　肝的取出：取肝前，先检查与肝相联系的门脉和后腔静脉，注意有无血栓形成。然后切断肝与横膈膜相连的左三角韧带，注意肝与膈之间有无病理性的粘连，再切断圆韧带、镰状韧带、后腔静脉和冠状韧带，最后切断右三角韧带，取出肝。

　　肾和肾上腺的取出：先检查肾的动静脉、输尿管和相关淋巴结，注意该部血管有无血栓或动脉瘤。若输尿管有病变时，应将整个泌尿系统一并取出，否则可分别取出。先取右肾，切断和剥离其周围的浆膜和结缔组织，切断其血管和输尿管，即可取出。左肾用同法取出。

　　肾上腺或与肾同时取出，或分别取出。

　　（5）胸腔脏器的取出：一般单独取出胸腔器官。有时，为观察咽、喉头、气管、食管和肺病变的互相联系，可把口腔、颈部器官和肺一同取出。

　　心的取出：切开心包，露出心。检查心外膜的一般性状和心的外观，然后于距左纵沟左右各约 2 cm 处，用刀切开左右心室，此时可检查血液量及其性状。最后以左手拇指和食指伸入心室切口，将心提起，检查心底部各大血管之后，将各动静脉切断，取出心。

　　肺的取出：先切断纵隔的背侧部与胸主动脉，检查右侧胸腔液的数量和性状。然后在横膈的胸腔面切断纵隔、食管和后腔静脉，在胸腔入口处切断气管、食管、前纵隔和血管、神经等。并在气管环上做一小切口，手伸入切口牵引气管，将肺取出。

　　胸主动脉可单独取出，或与肺同时取出，必要时胸主动脉可与腹主动脉一并分离取出。

　　（6）口腔和颈部器官的取出：取出前先检查颈部动静脉、甲状腺、唾液腺及其导管、下颌淋巴结和颈部淋巴结有无病变。取出时先在第一臼齿前下方锯断下颌支，再将刀伸入口腔，由口角向耳根，沿上下臼齿间切断颊部肌肉。将刀尖伸入颌间，切断下颌支内面的肌肉和后缘的腮腺等。最后切断冠状突周围的肌肉与下颌关节的囊状韧带。握住下颌骨断端用力向后上方提举，下颌骨即可分离取出，口腔显露。此时用手牵引舌尖，切断与其联系的软组织、舌骨。然后分离喉头、气管、食管周围的肌肉和结缔组织，即可将口腔和颈部的器官一并取出。

对仰卧的尸体，口腔器官的取出也可由两下颌支内侧切断肌肉，将舌从下颌间隙拉出，再分离其周围的联系，切断舌骨支即可将口腔器官整个分离。

（7）主要脏器的检查：为了叙述方便，按颈、胸、腹的顺序说明检查的方法。

舌、咽喉、气管、食管的检查：检查舌黏膜，并按需要纵切或横切舌肌，检查其结构。检查咽喉部的黏膜和扁桃体，注意有无肿胀、出血、坏死、渗出和肿物等变化。剪开食管，检查食管黏膜的状态、食管壁的厚度、管腔有无局部扩张和狭窄，以及食管周围有无肿胀、出血、渗出和肿物等病变。剪开喉头和气管，检查喉头软骨、肌肉和声门等有无异常，气管黏膜面有无病变或病理性附着物。

心的检查：先检查心纵沟、冠状沟，注意脂肪量、有无渗出液、出血灶等。然后检查心的外形、大小、色泽及心外膜的性状。切开心，检查心肌、心内膜和心腔。首先在距左纵沟左侧 2 cm 处做一切口，沿该切口向上切至肺动脉起始部，向下切开右心室，以相同切法再沿左纵沟右侧的切口向上切至主动脉起始部，向下切开左心室；将心翻转，沿右纵沟左右约 2 cm 处做平行切口，切至心尖部与左侧心切口相连接，切口再通过房室口切至左心房及右心房。经过上述切线，心全部割开（图 22-2）。

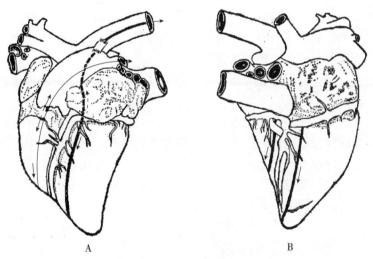

图 22-2　心检查切线示意图
A. 于左冠状沟左右约 2 cm 处切开左右心室，并延伸切开心房和相应血管
B. 右侧心室切线

切开心脏过程中，注意检查心脏中血液的含量（正常时左心室空虚，右心室有少量凝血）和性状。检查心内膜的色泽、光滑度、透明度和有无出血灶，各个瓣膜、腱索是否肥厚，有无血栓形成、组织增生或缺损等病变。检查各部心肌的厚度、色泽、质地、有无病灶及病灶的特征等。此外，还要检查主动脉和肺动脉的内膜，注意色泽，有无粗糙、坏死及钙

化等变化。

肺的检查：检查肺组织前，先检查肺门淋巴结和纵隔淋巴结，注意其大小、色泽、质地和切面状况等。检查肺时，先检查肺的体积、外形、色泽、光滑度和边缘的状态，表面是否有病灶和病理产物附着、有无萎缩或气肿病灶。并用手触摸肺叶，检查有无硬块、结节，有病变处即做切开进一步检查。然后用剪刀顺着气管、支气管剪开肺，检查气管壁的厚度、黏膜的性状、有无寄生虫及渗出物或异物等。最后将左右肺叶做纵切和横切，检查各切面的色泽、含血量、有无病灶，以及肺实质、间质、支气管和血管的变化。

脾的检查：注意脾门部血管和淋巴结，测量脾的长、宽、厚，称其质量。观察其形态和色泽、被膜的紧张度，及被膜是否增厚及有无瘢痕形成。用手触摸脾的质地，然后做切面，检查红髓、白髓和脾小梁的状态，观察是否存在病灶及病灶形态特征等。

肝的检查：先检查肝门部，对动脉、静脉、胆管、胆囊和淋巴结进行检查。然后检查肝的形态、大小、色泽、质地和被膜性状等，注意有无病灶及病灶形态特征。最后切开肝组织，观察切面的色泽、含血量、血管、胆管和胆囊的性状，注意切面是否隆起，肝小叶结构是否清晰，有无寄生虫、肿物等病变。

胰腺的检查：检查胰腺的大小、色泽和质地，然后沿胰腺的长径做切面，检查有无病灶及病灶情况。必要时用探针探入胰管，并沿之切开，检查管腔的内容物和管壁的性状。

肾的检查：先检查肾的形态、大小、色泽和质地，注意包膜的透明度、光滑度、厚度、是否容易剥离等。然后，以肾门部向手心，左手紧握肾，由肾的外侧面正中沿纵轴向肾门部将肾切为两半，先剥离包膜，检查肾表面的色泽、光泽、有无病灶及病灶情况。包膜与肾表面粘连时，则包膜不易剥离。注意切面皮质和髓质的厚度、色泽、境界部血管的状态和组织结构的纹理。最后，检查肾盂的容积，有无积尿、积脓、结石等，以及黏膜面的性状。必要时还得检查输尿管和膀胱，注意有无结石，膀胱充盈度，尿液量、色泽，以及黏膜的色泽、光泽、湿度、厚度及有无病灶与病灶特征等变化。

肾上腺的检查：检查其形态、大小、色泽和质地，然后做横切，检查皮质和髓质的厚度和色泽。

小肠和大肠的检查：先检查肠管浆膜面的色泽，有无粘连、肿物、寄生虫结节和其他病变等。然后用剪刀沿肠系膜附着部将小肠、结肠和直肠剪开，盲肠沿纵带由盲肠底剪至盲肠尖。在剪开时，随剪随检查，注意肠内容物的数量、性状、气味，有无血液、异物、寄生虫等。除去肠内容物，检查肠黏膜，注意有无肿胀、炎症、充血、出血、寄生虫和结石等。此外，检查肠管的同时，也应注意肠系膜淋巴结的检查。

胃的检查：先将瘤胃、网胃、瓣胃之间的结缔组织分离，使其血管和淋巴结的一面向上，按皱胃在左，瘤胃在右的位置平放在地上。用剪刀沿皱胃小弯部剪开，至皱胃与瓣胃交界处，则沿瓣胃的大弯部剪开，至瓣胃与网胃口处，又沿网胃大弯剪开，最后沿瘤胃上下缘剪开。这样胃的各部可全部展开。如网胃有创伤性炎症时，可顺食道沟剪开，以保持网胃大弯的

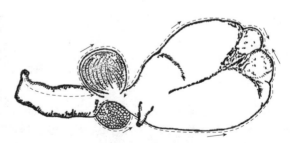

图 22-3　牛胃剖开示意图
按图虚线和箭头所示切开各胃

完整性，便于检查病变。检查时，注意内容物的量、性状、含水量、气味、色泽、寄生虫等。检查胃黏膜的色泽及有无肿胀、溃疡、肥厚、创伤等（图22-3）。

骨盆腔脏器的取出和检查：在取出骨盆腔脏器前，先检查各器官的位置和概貌。可在保持各器官的生理体系下，一同取出。骨盆腔脏器的取出法有两种，其一是不打开骨盆腔，只伸入长刀，将骨盆中各器官从各自周壁分离后取出；另一法则先打开骨盆腔，即先锯开骨盆联合，再锯断上侧髂骨体，将骨盆腔的右壁分离后，再用刀切离直肠与骨盆腔上壁的组织，母牛还要切离子宫和卵巢，再由骨盆腔下壁切离膀胱和阴道，在肛门、阴门做圆形切离，即可取出骨盆腔脏器。

公牛骨盆腔脏器的检查：先分离直肠并进行检查；再检查包皮，然后由尿道口沿阴茎腹侧中线至尿道骨盆部剪开，检查尿道黏膜的状态；再由膀胱顶端沿其腹侧中线向尿道剪开，使与上剪线相连。检查膀胱黏膜、尿量、色泽。将阴茎横切数段，检查有无病变。睾丸和附睾检查外形、大小、质地和色泽，观察切面的色泽、湿润度、结构、平整度以及有无病灶和病灶特征等。最后检查精管、精囊、尿道球腺。

母牛骨盆腔脏器的检查：直肠检查同公牛，膀胱和尿道检查，由膀胱顶端起，沿腹侧中线直剪至尿道口，检查内容同公牛。检查阴道和子宫时，先观察子宫的大小、子宫体和子宫角的形态。然后将肠剪伸入阴道，沿其背中线剪开阴道、子宫颈、子宫体，直至左右两侧子宫角的顶端。检查阴道、子宫颈、子宫内腔和黏膜面的性状、内容物的性质，并注意阔韧带和周围结缔组织的状况。对输卵管的检查，一般采取触摸，必要时应剪开，注意有无阻塞、管壁厚度、黏膜状态。卵巢的检查，注意其外形、大小、质量和色泽等，然后做纵切，检查黄体和滤泡的状态。

颅腔剖开、脑的取出和检查：颅腔剖开，先从第一颈椎部横切，取下头部，然后切离颅顶和枕骨髁部附着的肌肉，将头放平，在紧靠额骨颧凸后缘一指左右的部位做一横行锯线，再从枕骨大孔沿颅顶两侧，经颞骨鳞状部做左右两条弧锯线，使其与上述横锯线的外端相连接，再从枕骨大孔沿枕骨片的中央及顶骨和额骨的中央缝加做一纵锯线。锯时注意勿伤及脑组织，对未全锯断的骨组织，可用锤凿断裂，最后用力将左右两角压向两边，颅腔即可暴露；无角牛，可不做上述最后锯线，将颅顶骨取下。颅顶骨除去后，观察骨片的厚度和其内面的形态，检查硬脑膜。沿锯线剪开硬脑膜，检查硬脑膜和蛛网膜，注意脑膜下腔液体的量和性状。然后脑组织向下倾斜，用剪刀或外科刀将颅腔内的神经、血管切断，即可去除全脑。垂体需单独取出（图22-4）。

脑的检查：先观察各层脑膜的厚度、透明度、平滑度、是否湿润、有无光泽等，注意是否存在病灶和病灶的状态。然后检查脑回和脑沟，观察脑沟的深浅、脑回的宽窄，脑沟是否有积水及其性状，并注意脑的质地等。最后做脑的内部检查，先将脑刀伸入纵沟，自前而后，由上而下，一刀经过胼胝体、穹隆、松果体、四叠体、小脑蚓突、延脑，将脑切成两半。脑切开后，检查脉络丛的性状及侧脑室有无积水，第三脑室、导水管和第四脑室的状态。再横切脑组织，切线相距2～3 cm，注意脑组织的湿度、白质和灰质的色泽、质地，有无血肿、包囊、坏死、脓肿、肿瘤等病

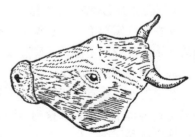

图22-4　牛颅骨剖开示意图
沿虚线锯开颅顶骨

变。脑垂体的检查，先检查其质量、大小，然后沿中线纵切，观察切面的色泽、质地、光泽和湿润度等。由于脑组织极易损坏，一般先固定，再行切开检查。

鼻腔的剖开和检查：将头骨于距正中线 0.5 cm 处纵行锯开，把头骨分成两半，其中的一半带有鼻中隔。用刀将鼻中隔沿其附着部切断取下。检查鼻中隔和鼻道黏膜的色泽、外形及有无出血、结节、糜烂、溃疡、穿孔、肿物等。必要时可在额骨部做横行锯线，以便检查颌窦和鼻甲窦。

脊椎管的剖开、脊髓的取出和检查：先切除脊柱背侧棘突与椎弓上的软组织，然后用锯在棘突两边将椎弓锯开，用凿掀起已分离的椎弓部，即露出脊髓硬膜。再切断与脊髓相联系的神经，切断脊髓的上下两端，即可将所需分离的那段脊髓取出。脊髓的检查要注意软脊膜的状态，脊髓液的性状，脊髓的外形、色泽、质地，并将脊髓做多横切，检查切面上灰质、白质和中央管有无病变。

肌肉、关节的检查：肌肉的检查要注意其色泽、硬度、有无病灶和病灶的性状。检查关节可切开关节囊，检查关节液的含量、性质和关节软骨表面的状态。

骨和骨髓的检查：骨的检查主要对骨组织发病的病例，如局部骨组织坏死、骨折、骨软症和佝偻病的病畜，放线菌病的受侵骨组织等，检查其硬度及断面的形象。骨髓的检查，可将长骨沿纵轴锯开，注意骨干和骨端的状态，红骨髓、黄骨髓的性状与分布等。或者在股骨中央部做相距 2 cm 的横行锯线，待深达全厚的 2/3 时，用骨凿除去锯线的骨质，露出骨髓，挖取骨髓做触片或固定后做切片检查。

（二）羊的病理剖检法

和牛的剖检法基本相同。

（三）马属动物（马、骡、驴）的病理剖检法

马属动物的尸体剖检法与牛的剖检法基本相同，关于外部检查和内部检查在牛剖检法做过详细介绍，本部分不再重复。由于马属动物腹腔胃肠的解剖结构与牛等反刍动物有很大差异，因此，马的剖检方法与牛的剖检法有部分不同。本部分重点对马属动物的腹腔剖开、胃肠的取出和检查方法做介绍。

马属动物腹腔右侧由盲肠和大结肠所占据，为便于腹腔器官的取出和检查，通常采取右侧卧。

1. 腹腔的剖开和腹腔视检

从左侧肷窝部沿肋骨弓至剑状软骨切开腹壁，再从髂结节至耻骨联合切开腹壁，然后将切成楔形的腹壁向下翻开，腹腔即暴露。腹腔视检方法基本同牛。

2. 胃肠的取出和检查

肠道的取出：首先两手握住大结肠的骨盆曲部，将大结肠向腹腔外前方引出，暴露结肠动静脉；再将小结肠全部拉到腹腔背外侧，使小结肠前部的十二指肠-小结肠韧带暴露出来。先取出空肠和回肠，再取出大结肠和盲肠。具体操作如下。

空肠和回肠的取出：基本同牛的剖检法。

小结肠的取出：将拉出的小结肠归于腹腔，把直肠内粪球向前方挤压，在直肠末端做一次结扎，并在结扎后方切断直肠，手握直肠端向前分离后肠系膜至小结肠前端，于胃状膨大

部双重结扎，切断小结肠，取出小结肠和直肠（图 22-5）。

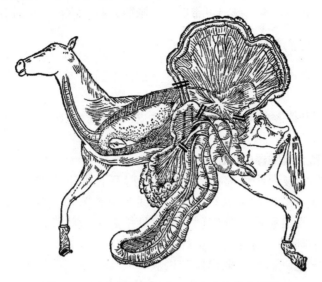

图 22-5　马右侧卧剖检法，肠取出结扎示意图

　　大结肠和盲肠的取出：先检查肠系膜动脉根部，再检查结肠的血管和淋巴结，然后将上下结肠动脉及中盲肠动脉和侧盲肠动脉从肠壁分离至肠系膜根约 30 cm 处切断，其断端由助手向背侧牵引，术者用左手握住小结肠和回肠断端，以右手剥离附着在大结肠上的胰腺，最后将大结肠和盲肠同背部连接的结缔组织分离，取出盲肠和大结肠（图 22-6）。

　　胃和十二指肠的取出：先检查胃、胆管和胰管有无病变。无异常时，切断食管末端，牵引胃的同时切断胃肝韧带、肝十二指肠韧带、胆管、胰管和十二指肠肠系膜及其与右肾间的韧带，将胃和十二指肠一同取出；胆管、胰管有异常时，可将胃、十二指肠、胰腺和肝同时取出。

　　胃和十二指肠的检查：外观检查后，如无病变，用肠剪由十二指肠结扎部剪至贲门部，继续沿大弯剪至幽门；如有胃破裂，应由破裂口侧面剪开，完整保留破裂口。胃和十二指肠剪开后，检查方法同牛的检查法（图 22-7）。

图 22-6　马尸体剖检大结肠和盲肠取出的示意图

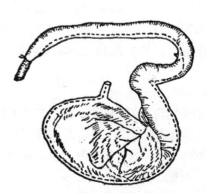

图 22-7　马尸体剖检胃检查示意图

小肠和大肠的检查：外观检查后，沿小肠、小结肠和直肠系膜附着部剪开肠壁，盲肠沿纵带由盲肠底剪至盲肠尖，大结肠沿纵带剪开。肠剪开后，检查方法同牛的检查法。

（四）猪的病理剖检法

猪的剖检法与大动物的剖检法基本相同，下面就不同点加以说明。

1. 剖检卧位

取仰卧位，在剖开体腔前可以不剥皮。如对皮下做系统检查，也可先剥皮，再检查。剥皮方法基本同大动物。

2. 腹腔的剖开和腹腔脏器的取出

从剑状软骨后方沿腹白线由前向后，直至耻骨联合做第一切线。然后再从剑状软骨沿左右两侧肋骨后缘至腰椎横突做第二、三切线，使腹壁切成两个大小相等的楔形，将其向两侧翻开，即可露出腹腔。腹腔剖开后，见结肠呈盘状卷曲，位于腹腔后三分之二稍偏右方。盲肠位于腰部，其盲端位于骨盆。小肠位于腹腔的左前方与右后方，在胃与结肠之间为网膜。腹腔脏器可先取出脾与网膜，其次为空肠、回肠、大肠、胃和十二指肠等。

脾和网膜的取出：在左季肋部可见脾。提起脾，并在接近脾部切断网膜和其他联系后取出脾。然后再将网膜从其附着部分离取出。

空肠和回肠的取出：将结肠祥向右侧牵引，盲肠拉向左侧，显露回盲韧带与回肠。在离回盲口约 15 cm 处，将回肠做二重结扎切断。然后握住回肠断端，用刀切离回肠、空肠上附着的肠系膜，直至十二指肠空肠曲，在空肠起始部做二重结扎并切断。取出空肠和回肠。

大肠的取出：在骨盆腔口分离出直肠，将其中粪便挤向前方做一次结扎，并在结扎后方切断直肠。从直肠断端向前方切离肠系膜，至前肠系膜根部。分离结肠与十二指肠、胰腺之间的联系，切断前肠系膜根部血管、神经和结缔组织，以及结肠与背部之间的联系，即可取出大肠。

以后依次可将胃和十二指肠、肾、肾上腺、胰腺和肝取出，取出的方法与牛相同。

3. 胸腔的剖开

先检查胸腔的压力，然后从两侧最后肋骨的最高点至第一肋骨的中央部做一锯线，锯开胸腔。用刀切断横膈附着部、心包、纵隔与胸骨间的联系，除去锯下的胸壁，即露出胸腔。另一种剖开胸腔的方法，是用刀切断两侧肋骨与肋软骨的接合部，再切离其他软组织，除去胸壁腹面，胸腔即可露出。胸腔器官的取出和检查方法，均与牛相同。

4. 颅腔剖开

清除头部的皮肤和肌肉，先在两侧眶上突后缘做一横锯线，从此锯线两端经额骨、顶骨侧面至枕脊外缘做两条平行的锯线，再从枕骨大孔两侧做一 V 形锯线与两纵锯线相连。此时将头的鼻端向下立起，用力敲击枕峰，即可揭开颅顶，露出颅腔。

5. 剖检小猪

可自下颌沿颈部、腹部正中线至肛门切开，暴露胸腹腔，切开耻骨联合露出骨盆腔。然后将口腔、颈部、胸腔、腹腔和骨盆腔的器官一起取出。

（五）禽的病理剖检法（以鸡为例）

1. 外部检查

天然孔的检查：注意口鼻眼等有无分泌物，及其数量与性状。检查鼻窦时可用剪刀在鼻孔前将口喙的上颌横向剪断，用手压鼻部，注意有无分泌物流出。视检泄殖孔的状态，注意其内腔黏膜的变化、内容物的性状及其周围的羽色有无粪便污染等。

皮肤的检查：检查头冠、肉髯，注意头部及其他各处的皮肤有无痘疮、皮疹、结节。观察腹壁及嗉囊表面皮肤的色泽，有无尸体腐败的现象。检查鸡足时注意鳞足病及底趾瘤。

检查各关节有无肿胀，龙骨突有无变形、弯曲等现象。

2. 内部检查

（1）体腔剖开和检查：外部检查后，用消毒液将羽毛浸湿，切开大腿与腹侧连接的皮肤，用力将两大腿向外翻压直至两髋关节脱臼，使禽体背卧位平放于磁盘上。由喙角沿体中线至胸骨前方剪开皮肤，并向两侧分离；再在泄殖孔前的皮肤做一横切线，由此切线两端沿腹壁两侧做至胸壁的两条垂直切线，这样从横切线切口处的皮下组织开始分离，即可将腹部和胸部皮肤整片分离，此时可检查皮下组织的状态。再按上述皮肤切线的相应处剪开腹壁肌肉，两侧胸壁可用骨剪自后向前将肋骨、乌喙骨和锁骨剪断。然后握住龙骨突的后缘用力向前上方翻拉，并切断周围的软组织，即可去掉胸骨，露出体腔。

体腔剖开也可用另一种方法：尸体取仰卧姿势，由泄殖孔沿腹下、胸下和颈下正中线至下颌间隙切开皮肤，跗关节皮肤环形切开，从跗关节切线沿腿内侧与体正中线做垂直切开，剥皮。将腿下压，使髋关节脱臼。从泄殖孔至胸骨后端沿腹正中线切开腹壁，然后沿两侧肋骨弓切开腹壁肌肉和腹膜，暴露腹腔。从胸骨突两侧由后向前剪开胸部肌肉，并沿肋骨的胸骨段和椎骨段连接处将两侧胸壁剪开，再用骨剪剪断乌喙骨和锁骨，手握胸骨嵴，将胸骨向前上方翻转，切断肝、心与胸骨的联系及其周围的软组织，暴露胸腔。

剖开体腔后，注意检查各部位的气囊。气囊是由浆膜所构成，正常时透明菲薄，有光泽。检查时注意有无增厚、混浊、渗出物或增生物。

检查体腔：注意体腔内容物的情况。正常时，体腔内各器官表面均湿润而有光泽。异常时可见体腔内液体增多，或有病理性渗出物以及其他病变。

（2）脏器的取出：体腔内器官的取出，可先将心连心包一起剪离，再取出肝，然后将肌胃、腺胃、肠、胰腺、脾及生殖器一同取出。于肋间隙及腰荐骨凹陷部的肺和肾，可用外科刀柄剥离取出。

（3）颈部器官的取出：先用剪刀将下颌骨、食管、嗉囊剪开，注意食管黏膜的变化及嗉囊内容物的量、性状以及嗉囊内膜的变化，再剪开喉头、气管，检查其黏膜及腔内分泌物。在幼龄鸡还应注意胸腺，检查其大小、色泽、质地及有无出血点。

（4）脑的取出：可先用刀剥离头部皮肤，再剪除颅顶骨，即可露出大脑和小脑。然后轻轻剥离，将前端的嗅脑、脑下垂体及视神经交叉等逐一剪断，即可将整个大脑和小脑取出。

（5）坐骨神经的取出：在两腿内侧，从肌肉间分离出两侧坐骨神经，分别取出两侧一段坐骨神经，注意其粗细、色彩和光泽等。

（6）骨髓的取出：从一侧腿部分离出股骨，用骨剪剪出约 1 cm 长的一段股骨并使骨组织碎裂，暴露出骨髓，注意骨髓的质地、色彩等。固定时，将股骨和骨髓一起放入固定液。

（7）脏器的检查：检查方法基本同其他动物。

心：将心包囊剪开，注意心包腔有无积水，心包囊与心壁有无粘连。心的检查要注意其形态、大小、心外膜状态、有无出血点等。然后将两侧心房及心室剪开，检查心内膜并观察心肌的色泽及性状。

肺：注意观察其形态、色泽和质地，有无结节等，切开检查有无病灶及病灶变化特征。

腺胃和肌胃：先将腺胃和肌胃交界处剪一小口，向前剪开腺胃，向后剪开肌胃。检查腺胃胃壁的厚度、内容物的性状、黏膜及状态、有无寄生虫等。对肌胃的检查要注意角质膜的色泽、厚度、有无糜烂或溃疡，剥离角质膜，检查下部有无病变及胃壁的性状。

肠：注意肠系膜及肠浆膜的状态。空肠、回肠及盲肠入口处均有淋巴集结。肠管的中段有一卵黄盲管，初生鸡可有一些未被吸收的卵黄存在。肠的检查应注意黏膜和其内容物的性状，以及有无糜烂、溃疡、肿物、寄生虫等。两侧盲肠也应剪开检查，雏鸡盲肠球虫病时可见明显的病变。

肝：注意观察其形态、色泽、质地、大小以及表面有无病灶和其性状等。切开检查切面组织的性状。另注意胆囊的大小及内容物。

脾：注意观察其形态、大小、色泽、质地，表面及切面的性状等。

肾：分为前、中、后三叶，无皮质髓质区别，检查时注意其大小、色泽、质地、表面及切面的性状等。肾有尿酸盐沉着时，可见灰白色点，肿大。

胰腺：分为三叶，有导管 2～3 条，分别开口于十二指肠，与胆管开口部相邻。注意检查有无出血等病变。

睾丸：成年公鸡应注意其大小、表面及切面的状态。

卵巢和输卵管：左侧卵巢较发达，右侧常萎缩。输卵管及卵巢接近处为漏斗部，其后为蛋白分泌部。管身弯曲三次，黏膜呈白色，黏膜上有黏稠透明液，细心观察，有大小不同的钙粒。形成卵膜处为狭部，卵壳形成处为储卵部。排卵部肌肉发达。检查卵巢时，注意其形态、色泽。正常时卵泡呈圆球形、金黄色、有光泽。当患急性传染病时，卵泡的表面常见有充血、出血，甚至卵泡破裂。成年母鸡患鸡白痢时，卵泡可发生变形，呈灰黄、灰白或紫红不等。检查输卵管时，注意其黏膜和内容物的性状，以及黏膜的色彩、光泽、湿润度、有无病灶等。

脑：注意脑膜血管有无充血、出血及切面脑实质的变化。脑组织的病变主要依靠组织学检查。

法氏囊：在未成年的鸡法氏囊明显，检查时注意其大小、色泽、质地等，切开后观察黏膜的色泽、湿度、有无分泌物、病灶及黏膜皱褶的状态等。

（王凤龙）

实验二十三

病理大体标本制作技术

眼观病理标本（病理大体标本）的收集、制作和保存是病理实验室的重要基础工作之一。眼观病理标本在教学、科研和生产工作中具有重要作用。将患病动物具有典型病理变化的器官或组织，按一定程序和方法制成眼观病理标本，不仅能长期保存，还能为教学、科研和生产实际随时提供直观的大体病理变化，具有十分重要的意义。

一、标本的选择、清理和拍照

（一）标本的选择

眼观病理标本的选择原则：①应选择具有典型病理变化的器官与组织；②标本取材越新鲜越好，以防止病变组织发生自溶或腐败；③病变组织、器官的摘取应力求完整，尽量避免机械损伤、挤压、牵拉等人为破坏，保护标本的完整性和病变的特点。

（二）标本的清理和拍照

眼观病理标本的清理：①病变器官与组织摘取后，根据需要加以修整，选留的标本一方面要突出典型病理变化，另一方面，在病变部位附近尽可能带一些较正常的组织作为对照，然后将多余的结缔组织及其他部分切除，标本的切面要平整，一次性切开，尽量避免刀痕；②选取的病变组织忌用自来水洗，如有血液、污染物附着，或标本表面液体较多时，可采用纱布或脱脂棉轻轻拭去，必要时可用生理盐水轻轻沾洗。

眼观病理标本的拍照：标本清理完成后，应及时采用相机拍照，永久性记录、保存大体病理标本的原始病变特点，并作为固定后标本的对照资料。①准备相机、托盘、背景布、标尺或参照物。为使标本与背景对比清晰，托盘内衬蓝色或深色绒棉布，也可使用白色背景。然后，将清理好的标本放置在托盘背景中央。②拍照时，应采用自然光源，设定照片质量为最佳，暴露标本典型病理变化，必要时可放置标尺、参照物或对比物。照片中应尽量包含病变部位及周围相对正常的组织，并从多角度拍照，立体反映大体病理标本的特点。照片中应避免出现手、镊子、刀、剪等，保持标本原有状态。③对照片进行编号、整理、说明、储存。

二、非原色标本的制作

(一) 固定

1. 固定液

10%福尔马林固定液：采用市售甲醛溶液（福尔马林液，含 38%～40%甲醛）原液 10 mL加蒸馏水 90 mL混匀，其实际溶液只含 3.8%～4%的甲醛，习惯上称为 10%福尔马林溶液。甲醛极易与蛋白质中的氨基酸结合，使蛋白质凝固而固定组织，其渗透性很强，收缩率较小，对标本形态维持较好。但甲醛是一种还原剂，极易挥发，散发出强烈的刺激性气体，使人流鼻涕、流眼泪、呼吸道有异物感。甲醛液体对皮肤也有一定的伤害，在使用时应特别小心，一旦接触到皮肤和黏膜，应及时采用水冲洗。盛福尔马林固定液的容器应及时盖好，注意通风，防止刺激性气体的散发。

20%中性缓冲福尔马林固定液（pH 7.4）：市售福尔马林原液 200 mL，加蒸馏水 800 mL、磷酸氢二钠（$Na_2HPO_4 \cdot 12H_2O$）28.7 g、磷酸二氢钠（$NaH_2PO_4 \cdot 2H_2O$）3.3 g，充分混匀。20%中性缓冲福尔马林固定液能快速渗透到组织中间部分，并且固定均匀，标本不易变形，色泽新鲜。

2. 固定方法

大体病理标本取材、清理和拍照完成后，应及时固定，不能将标本长时间暴露在空气中，防止丢失水分。如果标本干枯，则颜色、形状等都会发生改变，甚至导致标本失真。标本一经固定即无法改变其形状。不同器官与组织的结构特点不同，标本大小不一，形态各异，在实际工作中，应根据标本的形状、大小和各自特点采用相应的方法固定。

心：心经固定后会收缩变硬，因此，在固定前应修整定形。如主要显示心包和心外膜病变，可只剪开心包，适当暴露病变部位，将整个心固定；如主要显示心肌或心瓣膜病变，应在固定前纵切心肌或切开心腔，充分暴露病变部位，然后再进行固定。

肝与脾：肝与脾比较致密，不容易被固定液穿透，属较难完全固定的器官。通常根据需要，对小动物的肝、脾可采用全部或部分进行固定；对大中动物的肝或脾应切开固定。通常采用锋利的长刀沿器官长轴均匀地切成数片，厚度 2～5 cm为宜，切面要平整，将欲显示的切面向上，平放于固定容器中，标本的底部垫上一层脱脂棉或薄海绵以便固定液的渗入。如需要时，也可对全部肝、脾进行固定，但应在适当部位做数个切面，以显示病变和保证固定效果。

肾：可根据肾的病变部位、动物的种类和肾大小的不同，选择使整个肾固定或用刀自肾外侧向肾门切开，将肾均匀地切成两部分后固定，根据需要决定保留一侧或双侧肾。然后，垫上脱脂棉或纱布，浸泡于固定液中固定。

肺：肺组织比较疏松，固定液容易渗透，按需要可进行全肺或局部固定。无论是全肺固定还是局部固定，肺组织都易在固定液中漂浮，导致固定液外的部分干涸变黑。因此，应设法使其下沉。通常在肺组织标本固定时，其上部应覆盖一层脱脂棉，将标本压浸在固定液中，这样一方面防止肺组织表面干涸，另一方面可促进固定液的渗入。

脑：脑实质较厚，固定液不易完全浸透，而且在动物死亡后自溶发生较快，应迅速进行固定。小动物可全脑固定；大动物应按需要切开固定，尤其当病变不在脑的表面，而在脑内部时，最好将脑切开后分开固定。如需保存整个大脑时，为了防止脑在固定时被挤压变形，可用一根长缝合线在脑基底动脉后面穿过并把脑放入固定液中，再将缝合线的两头轻轻地向上提起，使脑标本悬于固定液中，用胶布将缝合线粘于固定容器上。

空腔器官：胃、肠、子宫、膀胱等，如主要显示黏膜的病变，应在固定前将器官剪开，修理、清除污物，使黏膜面向上暴露病变，为防止其卷曲变形，可将标本先平展于盛有固定液的瓷盘中进行固定；或将标本系在适当大小的玻璃架或玻璃板上，然后放入固定液固定，必要时可在局部填充适量脱脂棉。

肌肉、皮肤、皮下组织、舌、淋巴结，以及肿瘤或其他增生物等标本，可根据需要和条件参照上述器官和组织固定的一般原则进行固定。固定的时间可依据标本的大小、质地等灵活掌握，一般需一日至数日或更长，必要时在固定期间可更换 1～2 次固定液。固定良好的器官、组织，固定液被浸透，器官与组织质地变硬，手压切面不再有血样液体流出。

（二）保存

当标本固定完成后，需采用流水将标本（包括支架）冲洗 12～24 h，然后移入过滤的保存液中长期保存。

1. 保存液　通常使用的非原色标本保存液为 5％～10％福尔马林液。10％福尔马林不但可以用于固定组织而且还能用于长期保存组织。

2. 保存方法　保存容器的选择、装缸与封存方法见本实验第五部分内容。

三、原色标本的制作

制作原色标本时，标本的选择、清理、拍照、不同脏器的处理，以及容器的选用、处理等与制作非原色标本相同。以下介绍常用的原色标本固定液及保存方法。

（一）Kaiserling 法

1. 试剂配制
按以下配方配制（准备）3 种试剂，分别装瓶备用。

第一液（固定液）：福尔马林原液 200 mL，硝酸钾 30 g，醋酸钾（或醋酸钠）30 g，加蒸馏水至 1 000 mL，混匀。

第二液（回色液）：95％乙醇 1 000 mL。

第三液（保存液）：甘油 200 mL，醋酸钾（或醋酸钠）100 g，麝香草酚 25 g，加蒸馏水至 1 000 mL。

2. 操作步骤

（1）先将处理好的眼观病理标本放在上述第一液（固定液）中固定，固定时间根据器官、组织大小和质地而定，通常 3～7 d。

（2）固定好后，将器官、组织放入流水中冲洗 12～24 h，具体时间根据器官、组织大小和质地调整。

（3）将冲洗好的标本浸泡在上述第二液（回色液）中回色，注意观察器官、组织颜色的改变，使器官、组织色彩还原至接近原有器官、组织自然色彩，通常 1～3 h。

（4）经乙醇回色后，用纱布吸干标本表面的液体，切忌水洗，直接把标本浸泡在装有上述第三液（保存液）的容器中保存，液体要浸过标本。封存、贴标签、注明标本编号和名称等同非原色标本的制作。

（二）Kaiserling 改良法

1. 试剂配制

按以下配方配制（准备）3 种试剂，分别装瓶备用。

第一液（固定液）：福尔马林原液 100 mL，醋酸钾（或醋酸钠）50 g，加蒸馏水至 1 000 mL，混匀。

第二液（回色液）：95％乙醇 1 000 mL。

第三液（保存液）：氯化钠 300 g，醋酸钾（或醋酸钠）100 g，加蒸馏水至 1 000 mL，混匀。第三液配制以后，溶液如有混浊，可加适量的活性炭，过滤后使用。

2. 操作步骤

同 Kaiserling 法。

（三）麦兆煌法

1. 试剂配制

第一液（固定液）、第二液（回色液）：同 Kaiserling 法。

第三液（保存液）：硫酸镁 100 g，醋酸钠 80 g，蒸馏水 1 000 mL，麝香草粉少许。

2. 操作步骤

同 Kaiserling 法。

（四）Pulvertaft 法

1. 试剂配制

固定液：同 Kaiserling 法。

混合液：甘油 300 mL，醋酸钠 100 g，福尔马林原液 5 mL，加蒸馏水至 1 000 mL。

先将醋酸钠溶于加温的蒸馏水中，再加入甘油与甲醛，然后再加蒸馏水至总量。溶液如混浊或含有杂质可用滤纸过滤；如果溶液还混浊，可在溶液中加入樟脑饱和乙醇液 50 mL，并再次过滤。标本封存前在 100 mL 混合液中加入亚硫酸钠 0.4 g。

2. 操作步骤

（1）将新鲜标本在 10％福尔马林溶液中进行短期固定后，再用 Pulvertaft 固定液固定 3～7 d。

（2）标本固定后，采用流水充分冲洗 12～24 h，具体时间根据器官、组织大小和质地调整。

（3）将冲洗好的标本浸泡在混合液（此液具有显色和保存组织的双重作用）中，每 100 mL混合液加入亚硫酸钠 0.4 g，立即封存。标本在密封的液体中会逐渐恢复原有的颜色。

四、大体病理标本的染色

在大体病理标本制作中，为了某种特殊目的，突出显示标本的重要部分，采用特殊染色法对组织标本进行染色。将病变器官及不同组织成分染成不同颜色，以便眼观区分大体标本的不同成分和病变特点。以下介绍常用的大体病理标本染色方法。

(一) 脂肪组织染色法

脂肪染色主要用于实质器官（心、肝、肾等）脂肪变性、动脉粥样硬化等大体病理标本的染色。

1. 试剂配制

苏丹染液：苏丹Ⅲ或苏丹Ⅳ 0.5 g，70%乙醇 250 mL，丙酮 250 mL。

先将 70%乙醇与丙酮混合，然后加入苏丹染料，充分溶解，过滤，备用。

2. 染色方法

①大体病理标本采用 10%福尔马林固定液常规固定后，流水冲洗 12 h；②滤纸吸干标本表面的水分，再把标本放入苏丹染液中浸染 30 min；③将标本放入 70%乙醇中分化，以实质器官中脂肪组织呈橙黄色，其他组织不着色为止；④将标本水洗后，浸存在 5%福尔马林液中，为了防腐可加入适量的防腐剂。

(二) 组织淀粉样变染色法

主要用于实质器官（肝、脾、肾等）淀粉样变性的眼观病理标本染色。

1. 试剂配制

1%刚果红水溶液：将 1 g 刚果红加入到 100 mL 蒸馏水中，充分溶解，过滤，备用。

碳酸钾饱和水溶液：在常温下将碳酸钾溶解在蒸馏水中，直到不能继续溶解，过滤后取 100 mL 即可。

2. 染色方法

①眼观病理标本采用 10%福尔马林固定液常规固定后，流水冲洗 12 h；②用滤纸吸干标本表面的水分，再将标本放入 1%刚果红水溶液染色 2 h；③将标本放入碳酸钾饱和水溶液浸泡 2 min；④将标本放入 80%乙醇分化，直到淀粉样物质呈红色；⑤蒸馏水洗标本，水洗后用滤纸吸干标本表面的水分，将标本浸存于 5%福尔马林中。

(三) 含铁血黄素染色法

1. 试剂配制

Perl 染液：5%亚铁氰化钾水溶液 100 mL，10%盐酸溶液 100 mL。临用前将上述两液等量混合。

2. 染色方法

①标本用 10%福尔马林固定液常规固定后，流水冲洗 12 h，再采用蒸馏水充分浸洗数次；②用滤纸吸干标本表面的水分，将标本放入 Perl 染液中浸染 5～15 min，至标本出现蓝色为止；③将标本流水冲洗数小时，用滤纸吸干标本表面的水分，采用 5%福尔马林液浸存。

经上述染色后，组织中含铁血黄素的颜色能维持较长的时间，如果出现褪色，可用过氧化氢液恢复标本原有的颜色。

五、容器的选择、装缸与封存

为了更好地长期保存眼观病理标本，必须将经上述处理的标本装缸封闭保存。通常采用普通玻璃容器或有机玻璃容器作为标本缸封存标本。

（一）普通玻璃容器标本的装缸与封存

市售普通玻璃容器有不同大小、不同规格、不同形状（如正方形、长方形、扁方形、圆筒形等）的标本缸和标本瓶，可根据标本的形状、大小、性状等不同来选择标本缸和标本瓶。选择的标本缸（瓶），标本放入后其上下和左右应留有一定空间。标本缸（瓶）与标本的比例要适当，标本在缸（瓶）内不能太满也不能太松，一般上下和左右的空间2～3 cm比较合适。

选择好玻璃容器后，在使用前首先将选用的玻璃容器、标本缸（瓶）盖、标本缸（瓶）内所需要的玻璃支架、玻璃板等彻底清洗。容器不论新旧，均应保证容器玻璃壁的清洁透明。然后，将经流水冲洗好的标本（包括支架），再做必要的修整后，即可装入容器（缸、瓶）保存，擦干净容器（缸、瓶）口，对标本缸采用封口胶封口、加盖，对圆形磨口标本瓶可直接盖紧瓶盖并在接口处涂抹少量凡士林即可。将标本缸（瓶）放置在背光处3～4 d，待封口干燥后，除去多余的封口胶等，贴上标签，注明标本编号、名称，并涂以清漆，长期保存。

封口胶的制备：桐油100 g，松香5 g，氧化锌300 g。先将桐油加热，煮溶松香，然后取氧化锌放在石板上，再注入上述松香桐油（冷却后），边加边搅，反复搓匀，用时制备成条状，沿标本缸口放好，加盖封口。也可用新型封口胶封口。

（二）有机玻璃容器标本的装缸与封存

选择无色透明的有机玻璃（甲基丙烯甲酯苯聚合体）标本缸保存标本不仅透光率高、抗碎能力强，而且具有耐酸碱腐蚀的性能。在保存标本时，可根据标本的大小、质量选择不同厚度的有机玻璃标本缸；或选择不同厚度的有机玻璃按需要进行裁切、磨削、粘贴拼接（常用氯仿）等操作工艺，制成一定大小、一定形状的有机玻璃盒（注意裁切要平直、磨削要光滑、粘贴拼接要紧密）。当盒的四壁和上盖粘贴拼接完成后，在盒的底盖一端打一个直径2～3 cm的小孔备用。对选好的有机玻璃标本缸和/或制备的有机玻璃盒进行彻底清洗，保证容器壁的清洁透明，自然晾干。将经固定、流水冲洗好的标本（包括支架），做必要的修整后，装入缸内保存，擦干净容器口，采用氯仿加盖封口；对制备的有机玻璃盒，晾干后，底口向上放入经固定、流水冲洗、修整好的标本，采用氯仿粘接好底盖，再从小孔徐徐注入保存液。然后，用有机玻璃小塞堵塞小孔，再用氯仿封闭，干燥后放正标本盒。

（贾 宁）

病理组织切片技术

病理组织切片技术随着生物学和医学的发展而发展，随着光学仪器和切片机的日益精密而不断改进，它已成为病理形态学，乃至生物形态学研究中不可缺少的部分。通过学习病理组织切片制作的一般程序和方法，掌握最常用的石蜡切片制作技术，为病理组织切片的制作打好基础。

病理组织经取材、固定、冲洗、脱水、透明、浸蜡、包埋、切片、展片、染色、封固一系列程序和步骤，方可制成一张病理组织切片标本。

一、取材

从动物尸体剖检或临床手术中选取供制作切片标本的病理组织切块，称为取材。病理切片观察是非常局限的，因此取材在制片工作中占有很重要的地位，切片标本能否如实而完整地显示固有的病理变化，很大程度上取决于材料的选取是否恰当，它直接关系到诊断和研究的结果。取材要注意以下事项。

（1）取材要全面，具有代表性，能显示病变的发展过程。取材时，要选取病变显著的区域和可疑病灶，在同一组织块中最好包括病灶及其周围的较正常组织，并应包含该器官的主要结构部分。如肾应包括皮质、髓质和肾盂，胃肠道要包含从浆膜到黏膜的各层组织，外周神经组织要做纵切及横切面。较大而重要的病变可从病灶中心到外周不同部位取材，以反映病变各阶段的形态学变化。

（2）取材要尽量保持组织的自然状态与完整性，避免人为变化。切取时勿使组织受挤压、揉擦等损伤。对易变形的组织如胃、肠、胆囊等切取后将其浆膜面向下平放于纸片上，然后徐徐投入固定液。

（3）组织块大小要适当，通常其长、宽、厚以 $1.5 \sim 2.0$ cm、$1.5 \sim 2.0$ cm、$0.3 \sim 0.5$ cm为宜（如有特殊需要可根据实际情况进行调整，但一定要注意组织块不要太厚，以免固定不完全），以便固定液迅速浸透。尸体剖检时采取病理组织块可稍大一些，固定几小时之后再加以修整，切到适当大小。

（4）送检材料要写清病例号，以防混乱。

二、固定

活体组织一旦停止血液循环和物质代谢就会因物质代谢障碍产生一系列的生物化学和组织化学的改变，固定是将组织浸在固定液内，使其固有形态和结构得以保存，并防止细菌繁殖所致腐烂，保存蛋白质与核酸的基本结构，同时固定保持原有的组织成分，使细胞易于着色。

固定是标本处理过程中的重要环节，若新鲜组织不及时固定，可因细菌繁殖而致腐败，细胞内的蛋白溶解酶可分解细胞蛋白质引起组织自溶，这样的结果则无法纠正和弥补。

1. 常用的固定液

（1）10%福尔马林：此液保存日久，可自行聚合产生白色沉淀（多聚甲醛），也易因受到氧化而产生甲酸，使溶液变为酸性，影响核染色。

（2）乙醇：通常用95%乙醇固定。高浓度乙醇使组织出现较强收缩，组织易变脆，核着色不良，不利于染色质或染色体的固定。组织必须用乙醇固定时，取材组织要薄，先用80%乙醇固定数小时，然后再移入95%乙醇，这样可避免组织过度收缩。

乙醇能很好地保存糖原、尿酸和多种抗原物质（上述物质以乙醇固定为佳），乙醇固定组织同时兼有脱水作用，经乙醇固定的组织不必水洗，不须经过低浓度乙醇脱水，可缩短脱水时间；对经其他固定液固定的组织，经水洗后可用80%乙醇保存备用。但浓度在50%以上的乙醇，可溶解脂肪、类脂，以及血红蛋白，所以要证明上述物质，不能用乙醇固定。

（3）新型环保无醛组织固定液：现有类似福尔马林固定效果的无醛固定剂产品，该类产品无色、无刺激性、低挥发性，不含甲醛等醛类化合物，绿色环保，易生物降解，对组织的渗透性强，能够保持组织的形态结构，有较强的固定、脱水、脱脂兼硬化作用，不易导致组织过度收缩。

2. 固定的注意事项

（1）固定组织时固定液用量要充足，固定液量应是组织块总体积的5～10倍。将组织块投入固定液之后应及时摇动，使组织块充分接触固定液，勿使其黏附于瓶底或瓶壁，12 h之后更换一次固定液效果更佳。组织块固定时应将病例的剖检号用铅笔写在纸片上随组织块一同投入固定液，也可录入计算机内将编号条码打印放入固定液。编号要与包埋盒、切片的编号一致，该编号可以通过扫码识别。

（2）组织固定要尽可能恰当地掌握时间。无论何组织越新鲜越好，固定时间依据固定物的大小和固定液的性质而定，通常由数小时至数天。时间过短组织固定不充分，影响染色效果，使组织原有结构不清楚；固定时间过长或固定液浓度过高，则使组织收缩过硬，也影响切片染色效果。

（3）固定液渗入组织到达固定作用通常比较缓慢，需要一定时间。无论何种固定液，经数小时渗入组织深度只达2～3 mm，因此组织不宜过厚。

（4）对特殊标本，如进行免疫组织化学染色或抗原定位示踪，应根据被检物的性质选用恰当的固定液进行固定，才能保存组织的固有成分和结构。例如福尔马林液能固定一般组织，但有溶解肝糖原和某些色素的作用；乙醇能很好地固定肝糖原和蛋白性抗原物质，而溶解脂肪。因此，固定标本须依据要求，选择适当的固定液。

三、冲洗

固定的组织经修块后，通常用流水冲洗 8～12 h，以洗净固定液和停止固定作用，避免组织过度固定而影响制片效果，同时经过冲洗也可改变组织硬度。组织冲洗后，即可进入脱水阶段。

四、脱水

脱水是将组织内的水分彻底脱去。组织经过固定和水洗后，含大量水分，而水与石蜡是不相容的，组织内含水分影响透明剂和石蜡的渗入，因此在浸蜡包埋之前，必须脱去组织内所含的水分。脱水所用的试剂称为脱水剂，常用的脱水剂是乙醇。

脱水程序的设计直接影响切片的效果，是制作切片非常关键的步骤。脱水时应注意：①将组织内水分脱干净但不能使组织过度脱水；②脱水应由低浓度脱水溶液至高浓度溶液，使组织中的水分逐渐脱出，而又不引起组织显著收缩；③脱水时间应根据组织块的大小、来源动物的种类与年龄、脱水剂的使用时间进行调整。

以下是几种动物的组织块脱水过程和时间，组织块大小（1～1.5）cm×（0.5～1）cm×（0.2～0.3）cm，常温、常压环境（表 24-1、表 24-2、表 24-3）。

表 24-1 牛、羊、猪等成年动物脱水步骤

步骤	溶液	时间/h
1	50％乙醇	1.5
2	70％乙醇	1.5
3	85％乙醇	1～1.5（手动脱水可过夜）
4	95％乙醇①	1～1.5
5	95％乙醇②	1～1.5
6	无水乙醇①	1～1.5
7	无水乙醇②	1～1.5

表 24-2 鸡、兔等成年动物脱水步骤

步骤	溶液	时间/h
1	50％乙醇	1
2	70％乙醇	1
3	85％乙醇	1（手动脱水可过夜）
4	95％乙醇①	0.5～1
5	95％乙醇②	0.5～1
6	无水乙醇①	0.5～1
7	无水乙醇②	0.5～1

表 24-3　大鼠、小鼠等实验动物脱水步骤

步骤	溶液	时间
1	50%乙醇	1 h
2	70%乙醇	0.5～1 h
3	85%乙醇	0.5～1 h（手动脱水可过夜）
4	95%乙醇①	10～30 min
5	95%乙醇②	10～30 min
6	无水乙醇①	10～30 min
7	无水乙醇②	10～30 min

　　脱水时间视组织种类和组织块大小而灵活掌握，不必恪守规定的时间。对骨、韧带等致密组织，可适当缩短脱水时间，特别是在无水乙醇中，水分必须脱净，脂肪彻底溶掉，这样透明剂和石蜡渗入才能更充分。使用组织脱水机可以设定真空环境下进行，此时需要调整不同浓度脱水剂的时间。

五、透明

　　透明是指组织脱水后，通过透明剂的作用而脱去乙醇和脂肪使组织透明，并使石蜡易渗入组织的过程。透明过程中所用的试剂称为透明剂。透明剂不仅具有脱乙醇作用，而且还能溶解石蜡，有助于石蜡渗入组织，为浸蜡创造条件。常用的透明剂有二甲苯和环保透明剂，二甲苯能溶于乙醇，又可溶解石蜡，是最常用的透明剂，但其易使组织收缩、硬化变脆，所以组织在二甲苯内的时间不宜过长，二甲苯对人体的毒性较强。环保透明剂是非苯类无毒型复合剂，兼有二甲苯的作用，同时对组织的收缩、硬化能力相对弱，对处理组织较柔和，且刺激性小。几种动物组织透明程序和参考时间见表 24-4。

表 24-4　各种动物组织透明程序

步骤	溶液	时间		
		牛、羊、猪等成年动物	鸡、兔等成年动物	大鼠、小鼠等实验动物
1	1∶1 （无水乙醇∶透明剂）	1 h （手动脱水可过夜）	0.5 h （手动脱水可过夜）	20 min （手动脱水可过夜）
2	透明剂①	0.5～1 h	10～20 min	5～15 min
3	透明剂②	0.5～1 h	10～20 min	5～15 min

六、浸蜡

　　浸蜡是组织经过透明作用后移入溶化的石蜡中浸渍，使石蜡充分渗入组织，起填充和支撑作用，有利于切片。浸蜡后的组织硬度均匀适中，可使切片完整。浸蜡的参考程序与时间见表 24-5。

表 24-5　组织浸蜡步骤

种类	溶液	时间/h
手动浸蜡	石蜡①	1
	石蜡②	1
自动组织脱水机浸蜡	石蜡①	0.5
	石蜡②	0.5
	石蜡③	0.5
	石蜡④	0.5

注意事项：

（1）一般切片所用的石蜡有软蜡（熔点 52～54 ℃）和硬蜡（熔点 56～60 ℃）两种。选用哪一种石蜡为宜，应根据制片时的气候和室温而定，通常在夏季室温高时，应用熔点较高的硬蜡，冬季室温较低时，则用熔点较低的软蜡，也可将软蜡和硬蜡按比例配制。

（2）浸蜡时间也随组织种类和组织块大小不同而有所变动。浸蜡时温度不宜过高，时间也不能太长，以免组织过硬，浸蜡宜在恒温条件下进行。

七、包埋

组织块经过浸蜡之后用石蜡包成块的过程称为包埋，包埋之后组织达到一定的硬度，与石蜡融合为一体，有利于组织切片。包埋用石蜡质量要求较高，要没有杂质、呈透明状，否则切片时会损坏切片刀，影响切片效果，组织上出现刀痕。

手动包埋：器具用平皿，先用甘油涂抹平皿内壁，再倒入包埋蜡，其熔点同浸蜡时的石蜡②，用镊子夹取组织块放入平皿摆好，石蜡开始凝固变硬时，在组织块间用载玻片分割开，然后放入冷水中，待凝固后取出，切成立方形小块，周围留 2 mm 蜡边，用火烘热木块底部将组织块粘在木块上，以待切片。

组织包埋机包埋：包埋组织的不锈钢模具分大、中、小型号，根据组织块的大小选择模具，选择与组织块最接近的模具进行包埋。包埋时首先将包埋盒盖弃去，将组织块平整放入模具，再将包埋机里的石蜡注入模具，调整好位置，快速置于小冷台上，并用镊子轻按组织块，使组织块切面完全平铺于模具底部，然后将包埋盒迅速置于模具之上并快速将包埋机内的石蜡加入，放置于冷台，待包埋好的石蜡块完全冷却凝固后取下，检查组织块的平整度，组织处于同一平面，包埋即成功。

八、切片

切片是将组织标本制成很薄的片子，以便染色和观察。石蜡包埋切片是病理制片中最常用的方法，具有切片薄、质量佳、适合连续切片等优点。缺点是在脱水、透明和浸蜡过程中，使脂肪、类脂、酶和抗原、抗体等物质受到一定程度破坏。切片的厚度一般为 3～5 μm。切片机有轮转式和推拉式两种，可根据实验室的情况选择切片机。

切片时先准备好毛笔，将包埋好的蜡块固定于切片机上，调节好蜡块与切片刀角度，对蜡块进行粗修，组织面能切全后，调节切片机的刻度于 3～5 μm，然后进行切片。

九、展片

从切片蜡带上选取一张完整、厚薄均匀、无刀口的切片，放入 40 ℃左右的温水中，并用镊子尖轻轻触压切片皱褶处，使切片充分展开。取一张干净的载玻片进行捞片，载玻片接触切片后垂直提出水面，切片就附贴在载玻片上，一般贴在载玻片下 1/3 处，另一边磨砂面用铅笔标记病例号（如有玻片打号机可用打号机进行喷码），将载玻片切片周围的水分用干净棉布擦干，放置于烤片机上进行烤片，烤干后即可染色。

十、染色

染色是用一种以上的染料浸染组织切片，使组织细胞中不同物质，因着色性能不同而染成不同色彩，以便于显微镜下观察。染色为组织切片制片中的重要一环，染色适当与否，直接关系到切片的质量和显微镜下观察病变的清晰度和准确性。

苏木精-伊红染色（简称 HE 染色）是石蜡切片经常应用的染色方法。苏木精也称苏木素，是一种天然染料，苏木精经过氧化变成酸性染料苏木红，苏木红与二价或三价的金属盐或氢氧化物结合形成带正电荷的蓝色色素，与细胞中带负电荷的脱氧核糖核酸结合完成染色，因此细胞核主要呈现蓝色。伊红是一种酸性染料，染液中加入冰乙酸可以使细胞质带正电荷，与带负电荷的染料结合进行染色。HE 染色的组织，细胞核呈蓝色，细胞质呈粉红色，红细胞橙红色，软骨组织深蓝色。

染色包括脱蜡、染色、脱水、透明四个步骤。脱蜡是将充分烘干的切片，通过脱蜡剂将切片上的蜡完全脱去，以便于苏木素和伊红完全着色。染色是将经过脱蜡的切片，移入染色液中进行染色，苏木素染色之后分化非常关键，酸能促使色素与组织解离，将细胞核中结合过多的染料和细胞质吸附的染料去除。分化适当者，细胞核着色鲜明、清晰，核以外不应着色部分，颜色一律脱净；若分化时间过短，多余颜色没有褪掉，细胞核轮廓不清晰；分化时间过长，核着色过浅则模糊难辨。分化之后应进行返蓝，酸性环境中蓝色色素处于离子状态，呈红褐色，在弱碱性环境中处于结合状态，呈蓝色。脱水是将组织上过多的伊红洗去，并将切片内的水分彻底去除。透明是使切片更清晰，同时为封片创造条件。染色可用染色机染色或人工操作染色。HE 染色的具体程序可参考表24-6。

表 24-6　苏木素-伊红染色步骤

染色程序	步骤	操作	时间
脱蜡	1	脱蜡剂①	5 min
	2	脱蜡剂②	5 min
	3	脱蜡剂③	5 min
	4	1∶1（脱蜡剂∶乙醇）	1～2 min

（续）

染色程序	步骤	操作	时间
脱蜡	5	无水乙醇	1～2 min
	6	95%乙醇	1～2 min
	7	85%乙醇	1～2 min
	8	70%乙醇	1～2 min
	9	50%乙醇	
染色	10	苏木素	10～15 min
	11	自来水冲洗	5～10 s
	12	盐酸乙醇分化	5 s
	13	自来水冲洗	5～10 s
	14	自来水返蓝	20 min
		或0.5%氨水	5 s
	15	醇溶性伊红	30 s～2 min
		水溶性伊红	2 min
	16	自来水冲洗	5～10 s
脱水	17	95%乙醇①	5 s
	18	95%乙醇②	5 s
	19	无水乙醇①	5 min
	20	无水乙醇②	5 min
透明	21	透明剂①	5 min
	22	透明剂②	5 min
	23	透明剂③	5 min

染色注意事项：

（1）染色前附贴的切片须充分干燥，否则染色过程中可能发生切片脱落。

（2）染色各步骤所用的试剂必须定期更新，以保持必需的浓度和纯度。

十一、封固

封固是指在切片上滴加封固剂和盖玻片，将切片密封，以利于保持染色组织的形态和将组织与外界空气隔绝从而利于长期保存。常用的封固剂为中性树胶和新型封片胶（不含二甲苯）。

封固方法：将已完全透明的切片从透明剂中取出，擦去切片以外载玻片上的透明剂，取少许封片胶于切片组织上方，随即将盖玻片一端与封片胶接触稍稍前推，并与载玻片呈30°角，徐徐放下，防止产生气泡。操作时要快速，防止因透明剂挥发使切片干燥。

封固注意事项：封片胶浓度要适宜，以能滴下成珠为佳，使用前，切勿搅拌，以免产生气泡。滴加封片胶要适量，以恰能充满盖玻片为宜。封片胶酸碱度宜接近中性，过酸易使切片褪色。封固后的切片，平放于烤片架上，置恒温箱烘干，即可观察。

　　为了提高工作效率，减少试剂对技术人员身体的伤害，目前可选择全自动组织切片封片机进行封片，20 张切片只需 3 min，所盖切片质量好、封片胶不外溢、无气泡、整齐美观，但是对盖玻片的选择有要求，一般要求 24 mm×40 mm、24 mm×50 mm 等规格的盖玻片。

　　常用试剂配方：

　　(1) 10％福尔马林固定液：配方和配制方法见实验二十三。

　　(2) 苏木素染液：苏木素 2 g，无水乙醇 100 mL，甘油 100 mL，冰乙酸 10 mL，硫酸铝钾 2～3 g，蒸馏水 100 mL。先将苏木素溶于无水乙醇，再依次加甘油和冰乙酸，将硫酸铝钾放入研钵，研成粉末，溶于蒸馏水，注入苏木素液，用玻璃棒搅匀，以脱脂棉轻盖瓶口，置于光线充足处，约经 6 周后，颜色变为红褐色，即显示已经氧化成熟，可以使用。

　　(3) Harris 改良苏木素染液：苏木素 2.5 g，无水乙醇 25 mL，冰乙酸 5 mL，硫酸铝钾 17 g，蒸馏水 500 mL，氯化汞 0.5 g。将苏木素完全溶解于无水乙醇中。将 500 mL 蒸馏水加热至 85 ℃，加入硫酸铝钾，待完全溶解后再加热至 91 ℃，缓慢加入完全溶解的苏木素乙醇液，保持原温度再缓慢加入氧化汞，充分搅拌 1～2 min 迅速入水冷却，用时加入乙酸即可。

　　(4) 改良苏木素染液：苏木素 10 g，无水乙醇 200 mL，硫酸铝钾 60 g，蒸馏水 2 200 mL，1％高碘酸 80 mL。将苏木素完全溶解于无水乙醇中。硫酸铝钾完全溶于蒸馏水中，再将完全溶解的苏木素乙醇液加入，加入 1％高碘酸迅速冷却后，即可用。

　　(5) 醇溶性伊红染液：伊红 0.5 g，95％乙醇 100 mL。将伊红加入乙醇，使充分溶解，此液为饱和伊红溶液，最好提前配制，以使伊红充分溶解，增强染色力。

　　(6) 水溶性伊红染液：伊红 1 g，蒸馏水 100 mL。将伊红加入蒸馏水中，充分溶解，即可用。

　　(7) 0.5％～1％盐酸乙醇配方：盐酸 0.5～1 mL，70％乙醇 100 mL。将盐酸徐徐加入乙醇中，充分混合即可。

（丁玉林）

实验二十五

常用特殊染色法

通过特殊染色能够更清晰地显示组织细胞内的某些结构或物质，以用于病理学研究和病理诊断。病理学特殊染色方法比较多，本章重点介绍淀粉样物质染色法、纤维素染色法、网状纤维染色法、脂质染色法、糖原染色法、色素和内源性沉积物（黑色素、脂褐素和含铁血黄素）染色法、病原微生物染色法。

一、淀粉样物质染色法

组织和脏器发生淀粉样变化时，遇碘呈红褐色，加稀硫酸呈蓝色或紫色，与淀粉遇碘反应类似，故称淀粉样变。淀粉样物质的化学成分属于糖蛋白，又称淀粉样蛋白，HE 染色呈淡红色物质，易与渗出的其他蛋白物质混淆。淀粉样变性多发于自身免疫疾病、慢性感染性疾病等，这与过量的免疫球蛋白转变为淀粉样轻链蛋白有关。淀粉样变常见于肝、脾、肾等组织器官。常用的染色方法有刚果红染色法、甲基紫染色法等，本节重点介绍刚果红染色法。

刚果红染色法：淀粉样蛋白对刚果红有选择性亲和力，当偶氮染料刚果红的氨基与淀粉样蛋白的羧基结合时，会平行地附着在淀粉样蛋白的原纤维上。染色的具体步骤见表 25-1、表 25-2。

表 25-1　刚果红染色步骤

步骤	操作	时间	备注
1	切片脱蜡至水		
2	0.2%刚果红乙醇溶液	10 min	
3	水洗	15 s	
4	0.2%氢氧化钾乙醇溶液分化	1~2 min	
5	苏木素复染	1~3 min	
6	95%乙醇	10 s	
7	无水乙醇①	5 min	
8	无水乙醇②	5 min	

（续）

步骤	操作	时间	备注
9	透明剂①	5 min	
10	透明剂②	5 min	
11	封片		中性树胶封固

染色结果：淀粉样物呈橘红色，细胞核呈蓝色。

试剂：

0.2％刚果红乙醇溶液：刚果红 0.2 g，50％乙醇 100 mL。

0.2％氢氧化钾乙醇溶液：氢氧化钾 0.2 g，80％乙醇 100 mL。

表 25-2 碱性刚果红染色步骤

步骤	操作	时间	备注
1	切片脱蜡至水		
2	苏木素染液	10 min	
3	1％盐酸乙醇分化	10 s	
4	碱性乙醇溶液	20 min	
5	刚果红染色液	20 min	
6	95％乙醇	5 s	
7	无水乙醇①	5 min	
8	无水乙醇②	5 min	
9	透明剂①	5 min	
10	透明剂②	5 min	
11	封片		中性树胶封固

染色结果：淀粉样物呈红色，细胞核呈蓝色，弹力纤维呈粉红色。

试剂：

碱性乙醇溶液：1％氢氧化钾水溶液 0.5 mL，80％乙醇氯化钾饱和液 50 mL（最好过滤后 15 min 内使用）。

刚果红储备液：取 80％乙醇氯化钾饱和液 100 mL，加入刚果红至饱和后备用。

刚果红染色液：取刚果红储备液 50 mL，再加入 1％氢氧化钾水溶液 0.5 mL。静置过夜后使用效果更佳。

二、纤维素染色法

纤维素是血液内的纤维蛋白原分子聚合而成的特殊蛋白质，又称纤维蛋白。在某些疾病的炎症过程中，由于血管壁通透性增加，纤维蛋白原渗出、凝固形成纤维素。常用的纤维素染色法有马休黄-酸性品红-苯胺蓝染色法、苯酚结晶紫染色法（Weigert 法）、Mallory 磷钨酸苏木素染色法（PTAH 染色法）3 种，具体步骤见表 25-3、表 25-4、表 25-5。

表 25-3　马休黄-酸性品红-苯胺蓝染色步骤

步骤	操作	时间	备注
1	切片脱蜡至水		
2	天青石蓝染液	2～3 min	
3	水洗	15 s	
4	Mayer 苏木素	2～3 min	
5	水洗	15 s	
6	1％盐酸乙醇分化	5 s	
7	流水冲洗	10 min	
8	95％乙醇	5 s	
9	马休黄染液	2 min	
10	蒸馏水洗	15 s	
11	酸性品红液	10 min	
12	蒸馏水洗	15 s	
13	1％磷钨酸	5 min	
14	蒸馏水洗	15 s	
15	苯胺蓝染液	5～10 min	
16	1％乙酸	15 s	除去多余染液并进行分化
17	95％乙醇	10 s	
18	无水乙醇①	5 min	
19	无水乙醇②	5 min	
20	透明剂①	5 min	
21	透明剂②	5 min	
22	封片		中性树胶封固

染色结果：纤维素、肌纤维呈红色，细胞核蓝褐色，胶原纤维呈蓝色，红细胞呈黄色，陈旧的纤维素呈蓝紫色。

试剂：

天青石蓝染液：天青石蓝 0.5 g，硫酸铁铵 5 g，甘油 14 mL，麝香草酚 50 mg，蒸馏水 100 mL。烧杯加入蒸馏水，再加入硫酸铁铵，使其完全溶解，再加天青石蓝煮沸 2 min，完全溶解冷却后过滤，最后加入甘油和麝香草酚。

Mayer 苏木素：苏木素 0.1 g，枸橼酸 0.1 g，碘酸钠 20 mg，硫酸铝铵 5 g，水合氯醛 5 g，蒸馏水 100 mL。烧杯加入蒸馏水，再加入苏木素完全溶解，再加碘酸钠及硫酸铝铵，使硫酸铝铵完全溶解，再加水合氯醛和枸橼酸，过滤。

马休黄染液：马休黄 0.5 g，磷钨酸 2 g，95％乙醇 100 mL。烧杯内加入 95％乙醇，再加马休黄使其完全溶解，再加磷钨酸。

酸性品红液：酸性品红 1 g，乙酸 2 mL，蒸馏水 98 mL。

苯胺蓝染液：苯胺蓝 0.5 g，乙酸 1 mL，蒸馏水 99 mL。

1％磷钨酸：磷钨酸 1 g，蒸馏水 100 mL。

1%乙酸：乙酸 1 mL，蒸馏水 99 mL。

表 25-4 苯酚结晶紫染色步骤

步骤	操作	时间	备注
1	切片脱蜡至水		
2	碳酸锂胭脂红液	5～10 min	
3	1%盐酸乙醇	30 s	
4	水洗	5 min	
5	苯酚结晶紫染液	5 min	
6	弃去染液		用滤纸吸干组织周围染液
7	Weigert 碘液	1～2 min	
8	水洗	1 min	
9	苯胺二甲苯液	至无颜色	
10	二甲苯①	2 min	洗去苯胺
11	二甲苯②	5 min	
12	二甲苯③	5 min	
13	封片		中性树胶封固

染色结果：纤维素呈蓝紫色，细胞核呈红色，革兰氏阳性菌呈蓝紫色。

试剂：

碳酸锂胭脂红液：胭脂红 2 g，麝香草酚 100 mg，1.2%碳酸锂饱和水溶液 100 mL。烧杯内加入碳酸锂饱和水溶液，加入胭脂红使其完全溶解，加热慢火煮沸 10 min，冷却后再加麝香草酚，过滤。

5%苯酚：苯酚 5 mL，蒸馏水 95 mL。

结晶紫乙醇液：结晶紫 5 g，无水乙醇 100 mL。

苯酚结晶紫染液：结晶紫乙醇液 1 mL，5%苯酚 9 mL。

Weigert 碘液：碘片 1 g，碘化钾 2 g，蒸馏水 100 mL。

苯胺二甲苯液：苯胺 1 mL，二甲苯 3 mL。

表 25-5 Mallory 磷钨酸苏木素染色步骤

步骤	操作	时间	备注
1	切片脱蜡至水		
2	高锰酸钾水溶液氧化	3～5 min	
3	草酸水溶液脱色	5 min	
4	PTAH 液	12～24 h	
5	95%乙醇	10 s	
6	无水乙醇①	5 min	
7	无水乙醇②	5 min	

(续)

步骤	操作	时间	备注
8	透明剂①	5 min	
9	透明剂②	5 min	
10	封片		中性树胶封固

染色结果：纤维素呈蓝色，胶原纤维、网状纤维、骨基质呈黄-浅红色。

试剂：

高锰酸钾水溶液：高锰酸钾 1 g，蒸馏水 100 mL。

草酸水溶液：草酸 5 g，蒸馏水 100 mL。

PTAH 液：苏木素 1 g，磷钨酸 20 g，蒸馏水 1 000 mL。

三、网状纤维染色法

网状纤维是分支交织成网的纤细纤维，又称网状蛋白。网状纤维的染色方法很多，但都为浸银染色。网状纤维的染色常用的银染液多数为氨银液，氨银液中的银氨络合物较易被组织吸附，与组织的蛋白质相结合，再经甲醛作用还原成为银而沉积于网状纤维得以着色。氯化金具有调色作用，经银液浸染及甲醛还原后的组织，经氯化金作用可使多余的银与氯作用产生氯化银，然后再用硫代硫酸钠洗去组织上未还原的银盐，从而使组织内各种成分显示得更为清晰，已与网状纤维结合的银盐被固定得更加牢固。

网状纤维的染色法有 Foot 染色法和醋酸氨银染色法。浸银染色时将切片在浸银之前用高锰酸钾氧化及草酸适当还原，可使组织切片达到漂白及分化目的，从而使银的浸润均匀，背景清晰。具体染色步骤见表 25-6、表 25-7。

表 25-6 Foot 染色步骤

步骤	操作	时间	备注
1	切片脱蜡至水		
2	0.25%高锰酸钾水溶液	5 min	
3	蒸馏水洗	15 s	重复洗 2 次
4	1%草酸	15~30 min	至无色
5	自来水冲洗	5 min	
6	蒸馏水洗	15 s	重复洗 2 次
7	Foot 氨性银溶液	15 min	56 ℃温箱内
8	蒸馏水洗	15 s	重复洗 2 次
9	20%中性福尔马林还原	5 min	
10	蒸馏水洗	3 min	
11	0.2%氯化金	镜下观察	网状纤维呈黑色，背景为灰白色止

（续）

步骤	操作	时间	备注
12	自来水冲洗	5 min	
13	5%硫代硫酸钠	5 min	
14	自来水冲洗	5 min	
15	伊红	1 min	
16	95%乙醇	10 s	
17	无水乙醇①	5 min	
18	无水乙醇②	5 min	
19	透明剂①	5 min	
20	透明剂②	5 min	
21	封片		中性树胶封固

染色结果：网状纤维呈黑色或黑褐色，其他组织呈红色。

试剂：

0.25%高锰酸钾水溶液：高锰酸钾 0.25 g，蒸馏水 100 mL。

1%草酸：草酸 1 g，蒸馏水 100 mL。

Foot 氨性银溶液：结晶硝酸银 1 g，1.25%碳酸锂饱和水溶液 10 mL，浓氨水，蒸馏水。烧杯内加入结晶硝酸银，再加蒸馏水完全溶解，再加 1.25%碳酸锂饱和水溶液 10 mL，产生沉淀，倾去上清液，蒸馏水反复洗涤沉淀物 3 次，再加入蒸馏水至 25 mL，再慢慢逐滴加入 26%～28%的浓氨水，并充分搅拌直至沉淀物几乎全部溶解，最后再加蒸馏水至 100 mL，过滤。

20%中性福尔马林：福尔马林原液 20 mL，蒸馏水 80 mL。

0.2%氯化金：氯化金 0.2 g，蒸馏水 100 mL，储于棕色瓶中可长期保存。

5%硫代硫酸钠：硫代硫酸钠 5 g，蒸馏水 100 mL。

表 25-7 醋酸氨银染色步骤

步骤	操作	时间	备注
1	切片脱蜡至水		
2	0.5%高锰酸钾氧化	5 min	
3	蒸馏水洗	15 s	重复洗 2 次
4	1%草酸	15～30 min	至无色
5	自来水冲洗	5 min	
6	蒸馏水洗	15 s	重复洗 2 次
7	5%硝酸	10 min	
8	蒸馏水洗	15 s	重复洗 2 次
9	醋酸氨银溶液	5 min	

（续）

步骤	操作	时间	备注
10	蒸馏水洗	3 min	
11	10%中性福尔马林	2 min	
12	自来水冲洗	5 min	
13	0.2%氯化金	2 min	
14	自来水冲洗	5 min	
15	5%硫代硫酸钠	1 min	
16	自来水冲洗	5 min	
17	伊红	20 s	
18	95%乙醇	10 s	
19	无水乙醇①	5 min	
20	无水乙醇②	5 min	
21	透明剂①	5 min	
22	透明剂②	5 min	
23	封片		中性树胶封固

染色结果：网状纤维呈黑色，其他组织呈红色。

试剂：

0.5%高锰酸钾：高锰酸钾 0.5 g，蒸馏水 100 mL。

1%草酸：草酸 1 g，蒸馏水 100 mL。

5%硝酸：硝酸 5 mL，蒸馏水 95 mL。

醋酸氨银溶液：10%硝酸银 20 mL，10%醋酸钠 4 mL。取烧杯将两液混合，会产生乳白色颗粒，再缓慢逐滴加入浓氨水，至溶液接近清亮，再加蒸馏水至 40 mL，过滤。

10%中性福尔马林：福尔马林原液 10 mL，蒸馏水 90 mL。

0.2%氯化金：氯化金 0.2 g，蒸馏水 100 mL，储于棕色瓶中可长期保存。

5%硫代硫酸钠：硫代硫酸钠 5 g，蒸馏水 100 mL。

四、脂质染色法

脂类是机体组织的正常成分，除脂肪组织及某些含类脂质丰富的细胞外，正常组织细胞内很少出现可染色的滴状脂肪。脂类物质通常不溶于水，易溶于有机溶剂，如进行脂类染色一般不能做石蜡切片，通常采用冰冻切片将脂类物质保存。

常见脂类物质染色方法包括苏丹Ⅲ、苏丹Ⅳ、油红 O 等，苏丹类染料染色主要是溶解作用或吸附作用，染料溶解于有机溶剂中，苏丹类染料在脂质中的溶解度较在原有溶剂中的溶解度大，染色时染料溶解于脂质中使脂类着色。具体步骤见表 25-8、表 25-9、表 25-10。

表 25-8　苏丹Ⅲ染色步骤

步骤	操作	时间	备注
1	冰冻切片		
2	蒸馏水	2 min	
3	苏木素	2 min	
4	自来水洗	15 min	
5	0.5%盐酸乙醇液分化	10 s	
6	自来水洗返蓝	20 min	
7	蒸馏水洗	5 s	
8	70%乙醇	1 min	
9	苏丹Ⅲ染液	30 min	
10	70%乙醇分化	15 s	
11	自来水洗	15 s	
12	封片		甘油明胶封固

染色结果：脂肪呈橘黄色，细胞核呈浅蓝色。

试剂：

苏丹Ⅲ染液：苏丹Ⅲ 0.15 g，70%乙醇 100 mL。将苏丹Ⅲ溶于乙醇，待充分溶解后，置瓶内密封保存。

甘油明胶：明胶 10 g，甘油 30 mL，蒸馏水 35 mL。

表 25-9　油红 O 染色步骤

步骤	操作	时间	备注
1	冰冻切片		
2	蒸馏水	2 min	
3	油红 O 染液	10~15 min	
4	60%乙醇分化	1~2 min	至无色
5	蒸馏水洗	5 s	
6	苏木素	1~4 min	
7	自来水洗	15 s	
8	自来水洗返蓝	15~20 min	
9	蒸馏水洗	5 s	
10	封片		甘油明胶封固

染色结果：脂肪呈红色，细胞核呈蓝色。

试剂：

油红 O 染液：储存液，油红 O 0.5 g，异丙醇 100 mL；工作液，储存液 6 mL，蒸馏水 4 mL，稀释后静置 10~60 min，过滤。

表 25-10　改良油红 O 染色步骤

步骤	操作	时间	备注
1	冰冻切片		
2	50％乙醇	1 min	
3	油红 O 染液	8~10 min	
4	50％乙醇分化	30 s	
5	蒸馏水洗	15 s	
6	苏木素	1~4 min	
7	自来水洗	15 s	
8	自来水洗返蓝	15~20 min	
9	蒸馏水洗	5 s	
10	封片		甘油明胶封固

染色结果：脂肪呈红色，细胞核呈蓝色。

试剂：

油红 O 染液：油红 O 0.5 g，50％乙醇 100 mL。

五、糖原染色法

糖原是单纯的多糖，正常情况下，糖原存在于细胞质内，在肝、心肌、骨骼肌内含量最多。其形态为大小不等的圆形颗粒，是产生能量的主要物质。糖原遇碘则变成褐色，易溶于水。常用的染色方法是高碘酸雪夫反应染色法（PAS 染色），高碘酸是一种氧化剂，能破坏多糖类结构的碳键，生成醛类化合物，暴露出来的游离醛基与无色品红液作用，生成新的红至紫红色复合物。PAS 染色的具体步骤见表 25-11。

表 25-11　PAS 染色步骤

步骤	操作	时间	备注
1	切片脱蜡至水		
2	1％高碘酸氧化	5 min	
3	蒸馏水洗	2 min	
4	Schiff 试剂	10~30 min	
5	亚硫酸液	2 min	重复 2~3 次
6	自来水洗	5~10 min	
7	苏木素	4 min	
8	自来水洗	15 s	
9	盐酸乙醇分化	5 s	
10	自来水洗	15 s	
11	自来水返蓝	15~20 min	

（续）

步骤	操作	时间	备注
12	95%乙醇	10 s	
13	无水乙醇①	5 min	
14	无水乙醇②	5 min	
15	透明剂①	5 min	
16	透明剂②	5 min	
17	封片		中性树胶封固

染色结果：糖原呈红色-紫红色，细胞核浅蓝色。

试剂：

1%高碘酸：高碘酸 1 g，蒸馏水 100 mL。

雪夫试剂（Schiff 试剂）：碱性品红 1 g，偏重亚硫酸钠 1 g，活性炭 2 g，1 mol/L 盐酸 20 mL，蒸馏水 200 mL。烧瓶内加蒸馏水 200 mL 煮沸，加碱性品红完全溶解，待溶液冷却至 50 ℃，再加入盐酸，冷却至 25 ℃再加入偏重亚硫酸钠，烧瓶用胶塞封口，摇动使其溶解，室温、暗处静置 24 h，溶液呈淡土黄色，再加入活性炭，搅匀后静置 1～2 h 过滤，溶液呈无色，4 ℃保存。

亚硫酸液：1 mol/L 盐酸 7.5 mL，10%偏重亚硫酸钠 7.5 mL，蒸馏水 130 mL。

六、色素和内源性沉积物染色法

（一）黑色素染色法

黑色素是由黑色素母细胞产生的一种色素颗粒。黑色素具有将氨银液还原为金属银的能力，氨银浸染时黑色素呈现黑色。常用的黑色素染色法有 Masson-Fontana 染色法、脱色素漂白染色法和耐尔蓝染色法，具体步骤见表 25-12、表 25-13、表 25-14。

表 25-12　Masson-Fontana 染色步骤

步骤	操作	时间	备注
1	切片脱蜡至水		
2	蒸馏水洗	5 min	
3	氨银溶液	12～18 h	避光
4	蒸馏水洗	2 min	
5	0.2%氯化金	5～10 min	
6	蒸馏水洗	2 min	
7	5%硫代硫酸钠	5 min	
8	蒸馏水洗	5 min	重复 2 次
9	自来水冲洗	5 min	

（续）

步骤	操作	时间	备注
10	伊红	1 min	
11	95％乙醇	10 s	
12	无水乙醇①	5 min	
13	无水乙醇②	5 min	
14	透明剂①	5 min	
15	透明剂②	5 min	
16	封片		中性树胶封固

染色结果：黑色素及嗜银细胞颗粒呈黑色，其他组织呈红色。

试剂：

氨银溶液：5％硝酸银水溶液 40 mL，浓氨水。烧杯加入 5％硝酸银水溶液，逐滴缓慢加入浓氨水先产生沉淀，继续滴加氨水至沉淀消失液体变清亮，再滴加 5％硝酸银水溶液数滴至溶液呈轻度混浊。最好现用现配。

0.2％氯化金：氯化金 0.2 g，蒸馏水 100 mL，储于棕色瓶中可长期保存。

5％硫代硫酸钠：硫代硫酸钠 5 g，蒸馏水 100 mL。

表 25-13　脱色素漂白染色步骤

步骤	操作	时间	备注
1	切片脱蜡至水		最好同时做 3 张，HE 染色、Masson-Fontana 染色、脱色素漂白染色各 1 张
2	酸性高锰酸钾溶液	2～4 h	
3	蒸馏水洗	15 s	
4	2％草酸	5 min	
5	自来水冲洗	5 min	显微镜下观察黑色素是否脱去，若没有脱去，蒸馏水洗后重复第 2 步
6	苏木素	8～15 min	
7	自来水冲洗	5 s	
8	盐酸乙醇分化	10 s	
9	自来水冲洗	5 s	
10	自来水返蓝	20 min	
11	伊红	1 min	
12	95％乙醇	10 s	
13	无水乙醇①	5 min	
14	无水乙醇②	5 min	
15	透明剂①	5 min	
16	透明剂②	5 min	
17	封片		中性树胶封固

染色结果：染色结果与 HE 染色、Masson-Fontana 染色对比观察效果更佳，脱去的色素即是黑色素。

试剂：

酸性高锰酸钾溶液：包括 A 液和 B 液，用时 A 液与 B 液等量混合。

A 液（0.5％高锰酸钾）：高锰酸钾 0.5 g，蒸馏水 100 mL。

B 液（0.5％硫酸）：浓硫酸 0.5 mL，蒸馏水 99.5 mL。

2％草酸：草酸 2 g，蒸馏水 100 mL。

表 25-14　耐尔蓝染色步骤

步骤	操作	时间	备注
1	冰冻切片		
2	耐尔蓝染色液	20 min	
3	蒸馏水洗	15 s	重复 3~4 次
4	封片		甘油明胶封固

染色结果：黑色素、脂褐素呈黑蓝色，细胞核蓝色或无色，中性脂肪呈红色至粉红色，酸性脂肪呈蓝色。

试剂：

耐尔蓝染色液：耐尔蓝 0.05 g，硫酸 1 mL，蒸馏水 99 mL。耐尔蓝完全溶解于蒸馏水中，再加入硫酸。

（二）脂褐素染色法

脂褐素又称为棕色萎缩性色素和消耗性色素。"脂"表示其本质为脂质，"褐"表示其颜色为褐色。脂褐素的化学成分约 50％为脂质，其余为蛋白质和其他物质。脂褐素是一种微细的、大小一致的小滴状的浅棕色或金黄色颗粒。脂褐素染色有 Schmorl 铁染色法、尼罗蓝染色法，具体步骤见表 25-15、表 25-16。

表 25-15　Schmorl 铁染色步骤

步骤	操作	时间	备注
1	切片脱蜡至水		
2	高铁化物溶液	2~3 min	
3	蒸馏水洗	2 min	
4	1％醋酸	2 min	
5	自来水洗	5 min	
6	蒸馏水洗	15 s	
7	0.5％中性红	1~2 min	
8	蒸馏水洗	15 s	
9	95％乙醇	10 s	
10	无水乙醇①	5 min	

（续）

步骤	操作	时间	备注
11	无水乙醇②	5 min	
12	透明剂①	5 min	
13	透明剂②	5 min	
14	封片		中性树胶封固

染色结果：脂褐素呈蓝绿色，黑色素呈深蓝色，嗜银细胞颗粒呈蓝色，嗜铬细胞颗粒呈蓝绿色，细胞核呈红色。

试剂：

高铁化物溶液：1％氯化铁 30 mL，1％铁氰化钾 4 mL，蒸馏水 6 mL，现配现用。

1％醋酸：醋酸 1 mL，蒸馏水 99 mL。

0.5％中性红：中性红 0.5 g，蒸馏水 100 mL。

表 25-16　尼罗蓝染色步骤

步骤	操作	时间	备注
1	切片脱蜡至水		
2	尼罗蓝染色液	20～30 min	
3	自来水洗	5 min	重复 4 次
4	蒸馏水洗	15 s	
5	封片		甘油明胶封固

染色结果：脂褐素呈深蓝色，黑色素呈浅绿色，红细胞呈黄绿色。

试剂：

尼罗蓝染色液：硫酸尼罗蓝 0.05 g，1％硫酸 100 mL，现用现配。

（三）含铁血黄素染色法

含铁血黄素是一种血红蛋白源性色素，HE 染色呈金黄色或棕黄色的大小不等的颗粒，具有折光性，不溶于碱性溶液和有机溶剂，但可溶于酸性溶液。当组织发生出血，渗出的红细胞溶解，释放的血红蛋白被分解为含铁血黄素，或者红细胞被巨噬细胞吞噬后，在其胞质溶解，血红蛋白由某些溶酶体的酶分解为不含铁的橙色血质和含铁的含铁血黄素，含铁血黄素中的铁蛋白分子含高价铁盐。高价铁盐经亚铁氰化钾和盐酸处理后呈现蓝色，称普鲁士蓝反应。普鲁士蓝反应染色的步骤见表 25-17。

表 25-17　普鲁士蓝染色步骤

步骤	操作	时间	备注
1	切片脱蜡至水		
2	Perls 溶液	10～20 min	
3	蒸馏水洗	15 s	

(续)

步骤	操作	时间	备注
4	核固红染液	5～10 min	
5	蒸馏水洗	15 s	
6	95%乙醇	10 s	
7	无水乙醇①	5 min	
8	无水乙醇②	5 min	
9	透明剂①	5 min	
10	透明剂②	5 min	
11	封片		中性树胶封固

染色结果：含铁血黄素呈蓝色，细胞核呈红色。

试剂：

Perls 溶液：A 液（2%亚铁氰化钾），亚铁氰化钾 2 g，蒸馏水 100 mL；B 液（2%盐酸），纯盐酸 2 mL，蒸馏水 98 mL。用时取 A 液与 B 液等量混合，现用现配，只可使用 1 次。

核固红染液：核固红 0.1 g，麝香草酚 50 mg，硫酸铝 5 g，蒸馏水 100 mL。硫酸铝完全溶于蒸馏水，再加入核固红，完全溶解后过滤，最后加入麝香草酚。

七、病原微生物染色法

（一）抗酸染色法

抗酸染色主要是针对分枝杆菌的染色，分枝杆菌菌体含有脂质、蛋白和多糖类，由糖脂包裹，并能与石炭酸碱性复红液结合成复合物而着色，这种复合物能抵抗酸类脱色，染液中所用乙醇能最大限度地溶解碱性复红。石炭酸作为媒染剂，能提高染料的染色性能，使碱性复红与菌体牢固结合。常用的抗酸染色法有 Ziehl-Neelsen 染色法、改良 Ziehl-Neelsen 石炭酸复红染色法，具体染色步骤见表 25-18、表 25-19。

表 25-18 **Ziehl-Neelsen 染色步骤**

步骤	操作	时间	备注
1	切片脱蜡至水		
2	石炭酸复红染液	5 min	在酒精灯火焰加热，维持微微发生蒸汽，不要煮沸
3	3%盐酸乙醇脱色	2～3 min	脱至无色
4	蒸馏水洗	15 s	重复5次
5	碱性美蓝溶液	10～30 s	
6	蒸馏水洗	15 s	
7	95%乙醇	5 s	
8	无水乙醇①	5 min	

（续）

步骤	操作	时间	备注
9	无水乙醇②	5 min	
10	透明剂①	5 min	
11	透明剂②	5 min	
12	封片		中性树胶封固

染色结果：抗酸杆菌呈红色，细胞核呈蓝色。

试剂：

石炭酸复红染液：3％碱性复红溶液 10 mL，5％石炭酸 90 mL，混合即成，用时再做 10 倍稀释。

3％盐酸乙醇：浓盐酸 3 mL，95％乙醇 97 mL。

碱性美蓝溶液：A 液（美蓝饱和乙醇溶液），美蓝 1.48 g，95％乙醇 100 mL；B 液（0.01％氢氧化钾），氢氧化钾 0.01 g，蒸馏水 100 mL。用时取 A 液 30 mL，B 液 100 mL 混合即可。

表 25-19　改良 Ziehl-Neelsen 石炭酸复红染色步骤

步骤	操作	时间	备注
1	切片脱蜡至水		
2	石炭酸复红染液	15～30 min	60 ℃烤箱或微波加入
3	1％盐酸乙醇脱色	2～3 min	脱至无色
4	蒸馏水洗	15 s	重复 3 次
5	0.1％亚甲蓝	1 min	
6	蒸馏水洗	15 s	
7	95％乙醇	5 s	
8	无水乙醇①	5 min	
9	无水乙醇②	5 min	
10	透明剂①	5 min	
11	透明剂②	5 min	
12	封片		中性树胶封固

染色结果：抗酸杆菌呈亮红色，细胞核呈浅蓝色。

试剂：

石炭酸复红染液：碱性复红 3 g，无水乙醇 5 mL，5％石炭酸 42.5 mL，10％ Triton-100 溶液 2.5 mL。碱性复红溶于无水乙醇，再加入石炭酸混合，完全溶解，再加入 Triton-100，混匀后即可使用。

1％盐酸乙醇：浓盐酸 1 mL，95％乙醇 99 mL。

0.1％亚甲蓝：亚甲蓝 0.1 g，蒸馏水 100 mL。

（二）真菌染色法

真菌用 HE 染色效果不佳，可用 PAS 染色，利用各种真菌壁都含有多糖类物质，高碘酸氧化真菌壁的多糖而暴露出醛基，醛基与复红结合生成新的复红复合物；也可用六胺银染色法，用铬酸氧化真菌内多糖化合物而暴露醛基，醛基还原六胺银成为黑色的金属银，氯化金用来调色，可排除组织中的黄色色调，硫代硫酸钠对已显示的银盐起固定作用并排除未反应的银离子。高碘酸雪夫反应染色将真菌染成紫红色（具体方法见糖原染色部分），Grocott六胺银染色步骤见表 25-20。

表 25-20　Grocott 六胺银染色步骤

步骤	操作	时间	备注
1	切片脱蜡至水		
2	5％铬酸氧化	60 min	
3	自来水冲洗	5 min	
4	1％亚硫酸钠	1 min	
5	0.1％亚甲蓝	1 min	
6	自来水冲洗	5 min	
7	蒸馏水洗	5 min	
8	六胺银硼砂染色液	60 min	60 ℃温箱
9	蒸馏水洗	15 s	重复 3 次
10	0.2％氯化金	5 min	
11	蒸馏水洗	15 s	
12	2％硫代硫酸钠	3 min	
13	自来水冲洗	2 min	
14	95％乙醇	5 s	
15	无水乙醇①	5 min	
16	无水乙醇②	5 min	
17	透明剂①	5 min	
18	透明剂②	5 min	
19	封片		中性树胶封固

染色结果：真菌菌丝和孢子呈黑褐色。

试剂：

六胺银硼砂染色液：六胺银储备液 2 mL，5％硼砂 2 mL，蒸馏水 25 mL。

六胺银储备液：3％六亚甲基四胺 100 mL，5％硝酸银 5 mL。两液混合先呈乳白色，后清澈透明，置于 4 ℃冰箱保存。

（三）病毒包涵体染色法

病毒主要由核酸及蛋白质组成，核酸位于中心，外面包围着蛋白质衣壳。在某些病毒感染的细胞，用普通光镜可看到大小和数量不同的圆形或不规则小体，称为病毒包涵体，位于细胞质或细胞核内，呈嗜酸性或嗜碱性。Mann 亚甲蓝伊红染色法可显示病毒包涵体，具体步骤见表 25-21。

表 25-21　Mann 亚甲蓝伊红染色步骤

步骤	操作	时间	备注
1	切片脱蜡至水		
2	亚甲蓝伊红染液	8～24 h	
3	蒸馏水洗	1 min	
4	分化液	20～30 s	
5	蒸馏水洗	15 s	
6	丙酮①	5 min	
7	丙酮②	5 min	
8	透明剂①	5 min	
9	透明剂②	5 min	
10	封片		中性树胶封固

染色结果：包涵体呈红色，细胞核呈蓝色。

试剂：

亚甲蓝伊红染液：1％伊红 15 mL，1％亚甲蓝 15 mL，蒸馏水 70 mL。

分化液：40％氢氧化钠 150 μL，无水乙醇 100 mL。

（丁玉林）

冰冻切片技术

冰冻切片是利用物理降温的方法使组织在较短时间内冷冻变硬，然后在切片机上切成薄片，冰冻后组织中的水分起着包埋剂的支撑作用。冰冻切片技术在病理切片制作中应用广泛，临床快速诊断、证明脂质类存在、显示酶活性、免疫组织化学染色等用冰冻切片较常规石蜡包埋切片有明显优势。

一、准备

切片前 1 h 将冷冻切片机温度设定 $-18\sim-15$ ℃为宜，也可根据组织不同进行调整，同时将切片刀放置于刀架上进行固定并调整好角度后锁定刀架，以备切片。

新鲜组织可以直接进行速冻切片，目前实验中也有在切片之前进行处理的情况。如经过梯度蔗糖进行脱水，再由专用包埋剂 OCT 进行包埋，可以减少冰晶，使细胞形态更完整。

二、取材

新鲜组织取材大小对制片的影响极为重要，切片组织的大小一般为 20 mm×20 mm×5 mm，组织块未受挤压，尽量保持组织的原有形态，经过固定的组织可以稍大些。

三、切片

启动冰冻切片机，将组织样本冰冻固定于切片机机头上，调整进退键，将组织修平。根据不同的组织调整切片的厚度，一般是细胞密集的组织薄切，纤维多细胞稀的组织可稍微厚切，切片厚度一般为 $5\sim10~\mu m$。

调好防卷板，放下防卷板使其位置恰好与切片刀的刀刃完全平行并略凸出刀刃，以转动大轮推进的方式进行切片，良好的切片将在防卷板下方形成一张完整平坦无褶的薄片，若切片略有弯曲可用小毛笔轻轻展平切片。打开防卷板，用载玻片平稳地轻压组织，使其平整地吸附到载玻片上，一般载玻片要存放在室温环境。也可不使用防卷板，用毛笔或者镊子取下组织，使组织平整展开吸附在载玻片上或者可将组织放于常温水内进行展片，组织完全展开再用载玻片捞片。

根据不同的组织选择不同的温度。冷冻箱中的温度，主要根据不同的组织而定，不能一概而论。例如新鲜的脑组织、肝组织、淋巴结、肾上腺、脾、子宫内膜切片时，冷冻箱中的温度不能调太低，在$-15\sim-10$ ℃；切新鲜的乳腺、肺、胆囊、子宫、小肠、结肠、肾、肝、肌肉、胰腺、前列腺、皮肤、甲状腺等组织时，可调在$-15\sim-20$ ℃；切富含脂肪的组织时，应调至-25 ℃左右。

四、染色方法

将切好的组织片室温放置$1\sim2$ h，完全干燥，再根据需要进行相应的染色程序。具体染色步骤见表 26-1。

表 26-1　冰冻切片苏木素-伊红染色步骤

步骤	操作	时间	备注
1	固定液固定	1 min	
2	自来水洗	15 s	
3	苏木素	5 min	
4	自来水冲洗	$5\sim10$ s	
5	盐酸乙醇分化	5 s	
6	自来水冲洗	$5\sim10$ s	
7	自来水返蓝	15 min	
8	醇溶性伊红	30 s	
9	自来水冲洗	$5\sim10$ s	
10	95％乙醇①	5 s	
11	95％乙醇②	5 s	
12	无水乙醇①	5 min	
13	无水乙醇②	5 min	
14	透明剂①	5 min	
15	透明剂②	5 min	
16	透明剂③	5 min	
17	封片		中性树胶封固

五、注意事项

（1）使用冰冻切片机应严格遵守规程操作。使用前要严格进行预热，达到使用温度时才可使用；切片前刀具及刀的角度和位置要调整好，速冻组织块应多备几个冷冻托。切片时关闭观察窗，使机器内部温度均衡，需要打开时不可打开过大，以防温度升高影响切片；操作完成一定要及时清理组织碎屑，以防造成污染，使机器保持整洁干净，必要时开启机器消毒功能，对机器进行消毒。

　　（2）染色时尽量使用新鲜苏木素染液，防止沉渣及结晶的形成，保证高质量的冰冻切片以利于观察。

（丁玉林）

实验二十七

超薄切片技术和超微结构研究方法

生物组织超薄切片技术是在电子显微镜出现后发展起来的一门技术，其原理上与光学显微镜石蜡切片技术相似，但是由于电子显微镜的成像特点，电子束只能穿透特别薄的标本（0.1 μm 以下），另一方面电子显微镜具有很强的分辨能力和放大倍数，研究是在超显微水平进行，因此，这就要求透射电镜研究，必须制备良好的超薄切片才能满足透射电镜观察的需要。

一、超薄切片技术

（一）取材

1. 取材的基本要求

病理组织从机体取下后，应立即进行适当处理。否则，在细胞内各种酶的作用下，细胞会出现自溶等变化，导致细胞的微细结构破坏，影响超薄切片的制作和病理变化的观察。因此，为了使组织细胞结构尽可能保持生前状态，超薄切片取材操作应注意以下几点：①动作迅速，组织从机体取下后应在最短时间内（争取在 1 min 内）投入固定液；②所取组织材料的体积要小，以便固定液的渗入和固定，一般不超过 1 mm³，为便于定向，也可将组织修成 1 mm×1 mm×2 mm 大小；③机械损伤要小，取材器械应锋利，操作宜轻，避免牵拉、挫伤与挤压；④取材操作尽量在低温（0～4 ℃）下进行，以降低酶的活性，防止细胞自溶。

2. 取材方法

将取出的病理组织材料放在洁净的卡片纸上，先滴加一滴冷却的固定液，再采用新的、锋利的刀片垂直向下切割组织，将组织按要求修整到相应大小。然后，用牙签或镊子将修整好的组织块小心移至盛有冷却固定液的小瓶中。如果组织材料表面有较多血液和渗出液，应采用固定液先冲洗几遍，然后再用锋利的刀片垂直向下切成小块固定。

（二）固定

1. 缓冲液的配制

磷酸盐缓冲液常用来配制戊二醛固定液（超薄切片组织材料的固定液），其对细胞无毒性损害作用。

0.2 mol/L 磷酸盐缓冲液的配制：

甲液：0.2 mol/L 磷酸氢二钠溶液

  $Na_2HPO_4 \cdot 2H_2O$ 35.61 g

  加蒸馏水至   1 000 mL

乙液：0.2 mol/L 磷酸二氢钠溶液

  $NaH_2PO_4 \cdot H_2O$ 27.60 g

  加蒸馏水至   1 000 mL

甲液和乙液按如下比例配制。

pH	6.8	7.0	7.2	7.4	7.6	7.8
甲液/mL	24.5	30.5	36.0	40.5	43.5	45.75
乙液/mL	25.5	19.5	14.0	9.5	6.5	4.25

  如配制 0.1 mol/L 磷酸盐缓冲液，则以上述甲液和乙液比例配制后再加蒸馏水至 100 mL。

2. 常用固定液的配制

（1）磷酸盐缓冲液配制的戊二醛固定液：

0.2 mol/L 磷酸盐缓冲液/mL	50	50	50	50	50	50	50
25%戊二醛/mL	4	6	8	10	12	16	20
双蒸水加至/mL	100	100	100	100	100	100	100
戊二醛最终浓度/%	1.0	1.5	2.0	2.5	3.0	4.0	5.0

（2）2%多聚甲醛-2.5%戊二醛固定液：

  0.2 mol/L 磷酸盐缓冲液   50 mL

  10%多聚甲醛   20 mL

  25%戊二醛   10 mL

  双蒸水加至   100 mL

（3）锇酸固定液的配制：

2%锇酸的配制：通常市售锇酸结晶采用安瓿封装（有 0.5 g、1 g 两种）。配制前，先用双蒸水将安瓿表面冲洗干净，再用滤纸吸干安瓿表面的液体，用金刚石刀在安瓿中央小心地划出痕纹，放入棕色磨口玻璃瓶内，盖好瓶塞，振破安瓿后，按配制 2%锇酸的比例加入双蒸水，盖紧瓶塞，置 4 ℃冰箱备用。锇酸溶解缓慢，通常需放置两天以上才能完全溶解，形成无色透明液体。配锇酸所用器皿要十分洁净，并且不能接触金属，否则锇酸容易变质失效。通常当锇酸变成红棕色至黑色，则失效不能使用。

1%锇酸-磷酸缓冲固定液的配制：取磷酸缓冲液 4.5 mL、10.8%葡萄糖 0.5 mL、2%锇酸水溶液 5.0 mL，混合。

由于固定液中含有葡萄糖，使固定液保存期大为缩短，需现用现配。

3. 固定方法

（1）组织块的固定：组织块的固定通常采用戊二醛-锇酸双重固定法。具体方法和步骤如下。

初固定（或前固定）：采用2％～4％戊二醛固定液（pH 7.3～7.4），或者2％多聚甲醛-2.5％戊二醛固定液（pH 7.37～7.4）固定2～4 h，在温度4 ℃时固定液用量为标本体积的40倍左右。

缓冲液漂洗：采用磷酸盐缓冲液对初固定后的组织块进行漂洗，在温度4 ℃时漂洗0.5～2 h（若戊二醛固定时间延长，漂洗时间也应相应延长），其间换液（磷酸盐缓冲液）2～3次，以彻底洗去戊二醛残液。

后固定：缓冲液漂洗结束后，在4 ℃下采用1％锇酸固定液（pH 7.3～7.4）固定1～2 h，固定完成后，再用磷酸盐缓冲液漂洗20 min，然后进行脱水。

（2）游离细胞的固定：适用于培养细胞、外周血、骨髓、胸腹水或其他渗出液细胞的固定。如为贴壁生长的培养细胞，可先将细胞从培养管壁上轻轻刮下，使细胞与管壁分离，然后再按以下方法固定。

离心法：取培养细胞、抗凝血、骨髓或其他标本2～4 mL，放置于细口径试管中，1 500～2 000 r/min离心10～15 min。用滴管吸去上清，再沿试管壁缓慢加入2％～3％戊二醛固定液，4 ℃下静置30 min。如为外周血或骨髓，采用细针小心将红细胞上面的薄层淡黄色膜（含白细胞及血小板等成分）取出并切成小块；如为培养细胞及胸腹水，则将沉在试管底部的细胞团块取出。然后，再换2％～3％戊二醛固定液固定60 min。上述固定完成后，采用磷酸盐缓冲液漂洗，再用1％锇酸固定15～30 min。

悬浮制备法：如果标本中所含细胞成分太少或者离心之后细胞不能形成团块，且容易散开，则可采用悬浮制备法。首先，将标本以1 500～2 000 r/min离心沉淀10～15 min，使细胞相对集中，将不需要的成分尽量分离出去。然后，在4 ℃下采用2％～4％戊二醛固定液（pH 7.3～7.4）固定30～60 min。固定结束后，再以1 500～2 000 r/min离心沉淀10～15 min，然后吸去上清液，滴加数滴熔化的琼脂（浓度为2％），用细针搅拌均匀，也可用明胶或牛血清蛋白替代琼脂。然后，缓慢加入2％～3％戊二醛固定液，4 ℃下静置2 h，使细胞凝成团块。取出细胞凝块，采用锋利的刀片切成1 mm³小块，采用磷酸盐缓冲液漂洗后，用1％锇酸固定15～30 min。

（三）脱水

与石蜡切片技术相似，为了保证包埋介质能完全渗入标本材料，必须先将组织内的水分去除干净，通常采用一种能和水及包埋剂相混溶的液体来取代水，其中，乙醇和丙酮是最常用的脱水剂。为避免组织细胞的皱缩，常规脱水应按以下步骤逐步进行。

50％乙醇或丙酮	10～15 min
70％乙醇或丙酮	10～15 min
80％乙醇或丙酮	10～15 min
90％乙醇或丙酮	10～15 min
100％乙醇或丙酮（Ⅰ）	20～30 min
100％乙醇或丙酮（Ⅱ）	20～30 min

游离细胞材料可适当缩短脱水时间。如当天不能完成浸透、包埋操作步骤时，样品应在70％脱水剂中保存，切记不可在无水乙醇或无水丙酮中停留过夜，否则，引起样品脱水过度而发脆，造成切片困难。

脱水时应注意：①脱水要彻底，尤其是无水乙醇或丙酮不能含有水分，因此，可以在其中添加少许吸水剂，如无水硫酸铜等；②更换液体时动作要迅速，不要使样品干燥，导致样品内产生小气泡使包埋剂难以浸透。

(四) 浸透和包埋

浸透是利用相应包埋剂渗入组织内部取代脱水剂，这种包埋剂在单体状态时（聚合前）为液体，能够渗入组织，当加入某些催化剂，并经加温后，能聚合成固体，从而有利于超薄切片。目前，常用的包埋剂是环氧树脂。环氧树脂包埋剂在聚合前后体积变化小，其超薄切片在电子束照射下稳定，能较好地保存细胞的微细结构。

常用包埋剂配方：

(1) Epon 812 包埋剂：Epon 812 是普遍采用的超薄切片包埋剂，其黏度较低，具有良好的保存组织微细结构的特性。Epon 812 包埋剂的配制方法如下。

A 液：Epon 812   62 mL

    DDSA（十二烷基琥珀酸酐，也称十二碳烯基丁二酸酐）   100 mL

B 液：Epon 812   100 mL

    MNA（甲基内次甲基邻苯二甲酸酐，也称六甲酸酐）   89 mL

一般 A 液多则软，B 液多则硬，因此，A 液与 B 液的比例可根据环境温度的不同而变化。通常冬天采用 A：B＝2：8 配制混合液，夏天采用 A：B＝1：9 左右配制混合液。当混合液配好后，以 1.5％～2％的体积比，逐滴加入 DMP-30（二甲氨基甲基苯酚），充分搅拌混匀。

(2) 环氧树脂#618 包埋剂：环氧树脂#618 是一种淡黄色或淡琥珀色黏稠状液体，对组织微细结构的保存及超薄切片性能略低于 Epon 812，但材料易得，价格低廉。

配方：

环氧树脂#618   5.0 mL

顺丁烯二酸酐   2.0 g

邻苯二甲酸二丁酯   1.5～2.0 mL

二乙基苯胺   0.4 mL

首先，采用 50～60 ℃烤箱预热环氧树脂#618，使其黏度降低。然后，取所需量，在干燥的条件下称取顺丁烯二酸酐加到环氧树脂中，再在 60 ℃烤箱中加温，使其完全溶解，从烤箱中取出冷却至室温后，加入邻苯二甲酸二丁酯，充分搅拌均匀。然后，逐滴缓慢加入二乙基苯胺，充分搅拌均匀备用。

(五) 超薄切片

1. 准备工作

(1) 修块：一般采用手工对包埋块进行修整。将包埋块夹在特制的夹持器上，放在立体显微镜下，采用锋利的刀片先削去表面的包埋剂，露出组织。然后，在组织的四周以和水平面呈 45°的角度削去包埋剂，修成锥体形。

(2) 半薄切片制作：采用锥体切片机或超薄切片机切厚度为 0.5～2 μm 的切片，称半薄切片或厚片。将切下的片子用镊子或小毛刷转移到干净的滴有蒸馏水的载玻片上，加温，使切片展平，干燥后可采用相差显微镜观察，或经美蓝染色后，光学显微镜观察。

半薄切片及其光学显微镜观察的目的有两方面。一方面是定位，对超薄切片，包埋块中的组织面积还比较大，还需要修小，因此要根据半薄切片的光学显微镜观察，准确定位，保留要用于电镜观察的部分，修去其余或不需要的部分；另一方面，半薄切片的光学显微镜观察有利于对同一组织的同一部位进行光学显微镜和电镜的对比观察。

半薄切片定位以后，要根据光学显微镜的观察和定位对包埋块做进一步的修整。通常将块的顶端修成金字塔形，顶面修成梯形，每边的长度为 0.2～0.3 mm。

（3）制刀：超薄切片使用的刀有两种，一种是玻璃刀，另一种是钻石刀。玻璃刀一般价格便宜，使用较多。制刀用的玻璃为硬质玻璃，厚度为 5～6.5 mm。玻璃刀可用制刀机或手工制作。制刀时，先将玻璃条清洗干净，裁制成 2.5 cm×2.5 cm 方块，然后，沿着略微偏离对角线的方向切割，裁制成两把三角形的刀。然后，围绕三角形玻璃刀口制作一只水槽，以便使超薄切片能漂浮在水面上。水槽有金属水槽和胶布水槽两种。金属水槽有固定的形状，可反复使用。胶布水槽是临时用胶布或专用塑料条制作的。装好水槽后，用熔化的石蜡封固接口，防止漏水。

（4）载网和支持膜：通常承载超薄切片的不是载玻片，而是具有支持膜的载网。电镜中使用的载网有铜网、不锈钢网等，其中最常用的是铜网。载网为圆形，直径 3 mm。网孔的形状有圆形、方形、单孔形等。网孔的数目不等，有 100、200、300 等多种规格，可根据需要进行选择。挑选并清洗好载网之后，要在载网上覆盖一薄层支持膜，厚度为 10～20 nm。常用的支持膜有火棉胶膜及聚乙烯醇缩甲醛膜（Formvar 膜）。

2. 超薄切片

采用超薄切片机进行超薄切片。步骤包括安装包埋块，安装玻璃刀，调节刀与组织块的距离，调节水槽液面高度与灯光位置，调节加热电流及切片速度进行切片，将切片捞在有支持膜的载网上。

（六）染色

通常采用重金属盐与组织细胞中某些成分结合或被组织吸附来达到染色的目的。常用的染色剂有醋酸铀和柠檬酸铅。

1. 醋酸铀染色法

醋酸铀也称醋酸双氧铀，能与细胞内多种成分结合，尤其对核酸、核蛋白等有较强的结合能力。常用的铀染色液为 50%～70% 乙醇或丙酮配制的 2%～5% 饱和醋酸铀，有时也可采用双蒸水配制。染液放置在棕色试剂瓶中避光保存。染色方法有以下两种。

（1）组织块染色：在脱水至 70% 乙醇或丙酮时，将组织块放在用 70% 乙醇或丙酮配制的饱和醋酸铀溶液中，浸染 2 h 以上，或在 4 ℃冰箱中过夜。

（2）切片染色：取洁净的培养皿，在培养皿内放置干净的牙科用石蜡片。染色时，加数滴染液于蜡片上，用镊子夹住载网的边缘，把贴有切片的一面朝下，使载网浮在液滴上，盖上培养皿，染色 10～20 min。然后，取出载网用蒸馏水清洗干净。

2. 铅染色法

通常采用柠檬酸铅染色液进行染色，配制方法如下：

硝酸铅　　　　　　1.33 g

柠檬酸钠   1.76 g

双蒸水   30 mL

将溶液盛于 50 mL 容量瓶中，剧烈地间断摇动（或振荡器中振荡）30 min 后，加入 8 mL 1 mol/L 氢氧化钠，此时乳白色的混浊液立即变为无色透明溶液，用双蒸水加至 50 mL，过滤后备用。切片染色方法和醋酸铀染色法相似，染色时间为 5～10 min。在染色过程中，铅染液容易与空气中的二氧化碳结合形成碳酸铅颗粒，因此，在保存和使用染液时，要尽量减少与空气的接触。为防止铅沉淀污染，可在培养皿内放置氢氧化钠丸，以吸收空气中的二氧化碳。

二、超微结构研究方法

（一）负染色技术

负染色也称阴性反差染色，是利用某些高密度的重金属盐将组织标本"包绕"起来，增加了背景的电子散射作用，而组织标本则相对较多地通过电子，从而在电子致密的灰黑色的背景中反衬出低电子密度的呈白色的组织样品形态。负染色技术主要用于分散颗粒状材料的染色，如细菌、病毒及大分子等。染色前，将所要观察的材料制备成悬液。

1. 染色液

能够用来作为负染剂的重金属盐有多种，例如钨酸（磷钨酸、硅钨酸）、铀盐（醋酸铀）、钼盐（钼酸铵）等。

（1）常用染色液：

2%～4%磷钨酸：使用时用 1 mol/L NaOH 溶液将 pH 调至 6.4～7.0。

2%～3%醋酸铀：使用时将 pH 调至 5.0。

（2）染色方法：

标本-染液混合染色法：将等量的标本悬液和染液混合后用毛细管滴加到有支持膜的载网上，使形成一小液珠，静置 1～2 min，用小滤纸条吸去过多的标本-染液混合物，自然干燥后即可进行电镜观察。

先滴（标本）后染法：将标本直接滴到有支持膜的载网上，用滤纸吸去过多的标本，滴加染液，染色 1～2 min，吸去多余染液，干燥后即可进行电镜观察。

2. 注意事项

做负染色的悬液样品如含有较大的细胞碎片或杂质，应当离心提纯将其去掉。样品的浓度要适中。染色液的酸碱度，一般以中性或略偏酸性（pH 6～7）为宜。如采用先滴（标本）后染法，染色应在载网上的悬滴将要干燥而未完全干燥时进行。如果载网上尚有悬液残存就进行染色，或者完全干燥后染色，效果都不佳。

（二）电镜细胞化学技术

电镜细胞化学技术是在光学显微镜组织化学技术的基础上发展起来的，是借助形态学方法来鉴定细胞内某种化学物质的分布情况，如酶蛋白、核酸、脂肪、糖类及无机离子等。以下简要介绍电镜酶细胞化学技术。

1. 基本原理

通过酶的细胞化学反应间接地证明酶的存在与定位。通常的方法是在一定条件下使细胞内的酶作用于酶的底物，再将酶反应的产物作为反应物质，在酶的作用部位进行捕捉，使易溶的酶反应产物（初级反应产物）迅速转变成不溶解的沉淀（最终反应产物），并且能够利用电镜在超薄切片上观察到。因此，酶的细胞化学反应包括两个反应，第一个是酶作用于底物的反应，称酶反应，形成初级反应产物；第二个是捕捉剂与初级反应产物的作用，称捕捉反应，形成最终反应产物。

一般说来，酶具有只作用于该酶底物的性质，称为酶的底物特异性，它是酶细胞化学反应的基础。酶的细胞化学反应，最重要的是找到该酶的特异性底物。为了取得特异的酶反应，常要进行一系列鉴别处理，如：使用酶的抑制剂，使不需要的酶抑制；寻找新的底物；选择酶的最适 pH 等。

电镜酶细胞化学反应中的捕捉反应方法很多，其中最常用的是金属盐沉淀法和嗜锇性物质生成法两种。金属盐沉淀法是使酶反应所生成的反应产物与重金属结合，产生高电子密度的沉淀。嗜锇性物质生成法是使酶反应产生嗜锇性中间产物，再与锇酸作用形成高电子密度的锇黑。

2. 样品制备

（1）固定：常用固定剂为 4% 多聚甲醛或 0.5%～2% 戊二醛，用 0.1 mol/L 二甲胂酸钠缓冲液（pH 7.4）配制。如用戊二醛固定，在使用前必须对其进行提纯。通常在 4 ℃下，固定时间一般在 30 min 左右，如时间过长，会引起酶的失活。为缩短固定时间，也可用微波固定。

（2）漂洗：采用与配制固定液相同的缓冲液漂洗组织，通常在 4 ℃下，漂洗 1～2 h。

（3）切片：采用振动切片机将组织切成 30～50 μm 厚片。

（4）预孵育：采用与配制孵育液相同的缓冲液预孵育 10 min，也可采用不加底物的孵育液预孵育。

（5）孵育：将被检测的样品与适当的底物及捕捉剂一起保温，使其发生特异的细胞化学反应。根据酶的不同，配制相应的孵育液。

（6）孵育后处理：孵育后，再采用缓冲液漂洗样品。然后，根据需要进行适当的后固定。如偶氮染料的反应需要锇化才能显色，故要用锇酸做后固定，后固定时间一般不超过 1 h。

（7）脱水、包埋及制作超薄切片：按照常规方法进行，但脱水时间比常规方法缩短一半左右。超薄切片先不染色，直接观察，在确定染色对细胞化学反应产物没有干扰的情况下才能做常规超薄切片染色。

（8）对照实验：通常是在孵育液中加入特异性的酶抑制剂，或用热变性及消化等方法使酶失活，或将样品放在缺少所需底物的孵育液中孵育。经过这些方法处理后，如果特异的沉淀在对照组样品中不出现，而只在实验组出现，则表明这种沉淀是酶反应产物；如果对照组的样品中也出现了沉淀，则表明这种沉淀不是酶反应产物。

3. 重要电镜酶细胞化学方法

（1）酸性磷酸酶：反应原理是以磷酸酯为底物（常用 β-甘油磷酸钠），在酸性条件下（pH 5.0～6.5），磷酸酯被酸性磷酸酶水解并释放出磷酸，后者与捕捉剂铅盐反应形成磷酸铅沉淀，在电镜下被检出。

孵育液配方：β-甘油磷酸钠 12.5 mg、蒸馏水 1.0 mL、0.2 mol/L Tris-maleate 缓冲液（pH 5.0）2.0 mL、0.2%硝酸铅（最终浓度 2.4 mmol/L）2.0 mL。

（2）碱性磷酸酶：反应原理是碱性磷酸酶能水解所有的磷酸单酯而释放出磷酸，这种酶在碱性条件下（pH 7.6～9.9）具有活性。水解磷酸酯释放的磷酸被钙离子捕获，生成磷酸钙沉淀，然后用硝酸铅处理，使磷酸钙转变成铅盐沉淀，在电镜下被检出。

孵育液配方：0.1 mol/L β-甘油磷酸钠 5 mL、0.1 mol/L 巴比妥钠缓冲液（pH 9.4）20 mL、0.5 mol/L 氯化镁 5 mL、0.2 mol/L 氯化钙 20 mL。

组织在室温或 4 ℃下孵育 30～60 min，经缓冲液清洗几分钟后，放在 0.05 mol/L 冷硝酸铅溶液中处理 5～10 min。

（三）电镜免疫细胞化学技术

1. 组织固定与取材

在组织的固定与取材中，既要保持良好的细胞超微结构，又要保持组织的抗原性。因此，常用的免疫电镜固定剂有多聚甲醛-戊二醛混合液和过碘酸-赖氨酸-多聚甲醛液（periodate-lysine-paraformaldehyde，PLP 液），也有采用 Bouin 液、Zamboni 液或 4%多聚甲醛液的。

2. 包埋

（1）树脂包埋：现普遍采用的是环氧树脂包埋法，可直接脱水后包埋，也可将小片组织或半薄切片贴在载片上，将充满环氧树脂的明胶囊倒置于切片上聚合、硬化，进行原位包埋。

（2）低温包埋：常规树脂包埋由于需高温聚合等处理程序，组织抗原性可能全部或部分丢失。因此，在免疫电镜技术方面，也可采用低温技术如低温包埋和冰冻超薄切片等。

3. 免疫染色

分为包埋前染色、包埋后染色和超薄切片免疫染色三种。

（1）包埋前染色：即先行免疫组化染色，在立体显微镜下将免疫反应阳性部位取出，修整成小块，按常规电镜方法处理，经锇酸固定、脱水、包埋。如果特异性免疫反应的范围太小，为了准确定位，可进行第二次包埋。在制作超薄切片前应先切半薄切片，寻找出免疫反应阳性部位。半薄切片可在相差显微镜下不染色进行观察（指 PAP 染色法），免疫反应部位呈黑点状。在 HE 染色或甲苯胺蓝染色的半薄切片上，免疫反应部位呈棕黄色，据此定位做超薄切片，可大大提高阳性反应检出率。为避免电镜铅、铀染色反应与免疫反应之间的混淆，可取相连续的超薄切片分别以两个铜网捞取，其中之一进行染色观察，另一以铀单染色或不染色进行对照观察。

（2）包埋后染色：组织标本经过固定、脱水及树脂包埋、制成超薄切片后，再进行免疫组化染色。由于是以贴在网上的超薄切片进行免疫组化染色，故又名之载网染色。在载网染色过程中，应选用镍网或金网。此外，在免疫组化处理的全过程中，应注意保持网面的湿润。

超薄切片免疫染色前面已有论述。

（贾 宁）

免疫组织化学技术

根据抗原-抗体反应和化学显色原理，组织切片或细胞标本中的抗原和相应的抗体结合，通过呈色反应或激发荧光来显示细胞或组织中抗原成分，在光学显微镜或荧光显微镜下可清晰看见细胞内的抗原-抗体反应产物，从而能够在组织切片或细胞爬片原位确定某些抗原成分的分布和含量。该技术常用于病原体的抗原定位、肿瘤细胞的来源与定性、体外培养细胞的鉴定等。常用的方法有免疫荧光染色法、免疫酶标染色法等。

一、免疫荧光染色法

（一）基本原理

利用荧光标记技术显示和检查组织或细胞内抗原或半抗原物质等的方法称为免疫荧光技术。免疫荧光染色法是先将已知的抗体标记上荧光素制成荧光标记物，利用荧光抗体检测组织和细胞内的相应抗原，形成的抗原-抗体复合物含有荧光素，利用荧光显微镜激发光的照射呈现各种颜色的荧光，观察荧光在组织和细胞的定位，也可应用荧光定量分析技术做含量检测。

（二）固定剂和固定

用于免疫组织化学染色的固定剂种类较多，性能各异，在固定半稳定性抗原时，尤其重视固定剂的选择，最理想的固定液是能够保持细胞和组织的原有形态结构，最大限度地保存抗原的免疫活性。

1. 醛类固定剂

对组织的穿透性强，收缩小，背景清晰，因此是比较常用的固定剂。常用的醛类固定剂有以下两种。

10％中性福尔马林缓冲液：福尔马林 10 mL，0.01 mol/L pH 7.4 PBS 90 mL，混合摇匀。

4％多聚甲醛缓冲液：多聚甲醛 4 g，0.01 mol/L pH 7.4 PBS 100 mL，混合加热至完全溶解。

2. 丙酮及醇类固定剂

主要作用于沉淀蛋白质和糖，对组织穿透性很强，保存抗原的免疫活性较好。但醇类对低分子蛋白质、多肽及胞质内蛋白质保存效果较差。

Methacarn 液：甲醇 60 mL，氯仿 30 mL，冰醋酸 10 mL，混合后 4 ℃保存。

丙酮：穿透性和脱水性更强，常用于冰冻切片及细胞涂片的后固定，保存抗原性较好，平时 4 ℃保存备用，临用时只需将涂片或冰冻切片插入冷丙酮内 5～10 min，取出后自然干燥。

（三）染色方法和步骤

免疫荧光染色方法分直接法、间接法（夹心法）等。

1. 免疫荧光染色直接法

步骤见表 28-1。

表 28-1 免疫荧光染色步骤（直接法）

步骤	操作	时间/min	备注
1	细胞爬片或冰冻切片制备		
2	4％多聚甲醛固定	30	适用于细胞爬片或冰冻切片
3	PBS 冲洗	5	重复 3 次
4	荧光标记抗体	30～60	室温或 37 ℃
5	PBS 冲洗	5	重复 3 次
6	封片		50％甘油封固
7	荧光显微镜观察		

2. 免疫荧光染色间接法

步骤见表 28-2。

表 28-2 免疫荧光染色步骤（间接法）

步骤	操作	时间/min	备注
1	细胞爬片或冰冻切片制备		
2	4％多聚甲醛固定	30	适用于细胞爬片或冰冻切片
3	PBS 冲洗	5	重复 3 次
4	未标记抗体（第一抗体）	30～60	室温或 37 ℃
5	PBS 冲洗	5	重复 3 次
6	特异性荧光抗体（第二抗体）	30	37 ℃
7	PBS 冲洗	5	重复 3 次
8	封片		50％甘油封固
9	荧光显微镜观察		

二、免疫酶标染色法

（一）基本原理

以酶标记的抗体与组织或细胞相应的抗原结合，再加入酶的底物生成有色的不溶性产物或具有一定电子密度的颗粒，通过光镜或电镜观察组织细胞的特异性抗原成分。

免疫酶标染色是目前最常用的免疫组化染色方法，与免疫荧光技术相比有定位准确、对比度好、染色标本可较长时间保存、观察方便且可以进行对比定量研究等优点。常用方法包括直接法（一步法）、间接法（两步法、三步法）。

（二）固定剂和固定

同免疫荧光染色法。

（三）载玻片的处理

免疫组织化学染色常用抗原热修复以暴露组织抗原，为了防止脱片，用于免疫组织化学染色的载玻片需进行防脱片处理。常用的组织黏附剂有 APES（3-氨基丙基三乙氧基硅烷）和多聚赖氨酸。APES 是通过对洁净玻片表面进行化学修饰改变其表面的物理化学特性，增加了吸附力；多聚赖氨酸的分子结构中具有多个阳离子基团，可以与组织上的阴离子结合而产生吸附黏合作用。

（四）抗原修复

组织经甲醛或多聚甲醛固定造成蛋白之间交联，即在氨基酸分子间形成亚甲基桥导致部分或大部分抗原结合位点封闭，从而失去抗原性，通过抗原修复使得细胞内抗原决定簇重新暴露，提高抗原检出率。常用的修复方法有热修复法和酶消化修复法。

1. 热修复法

包括水浴修复、高压修复和微波修复。

（1）水浴修复：在修复液沸腾的状态下进行抗原热修复的方法。将盛有抗原修复液的容器加热至修复液沸腾，再将脱蜡至水的切片置于抗原修复液中加热处理 15～20 min，将抗原修复液和被修复的组织切片一起放置至室温。水浴抗原修复法操作简单且不易脱片，但是修复效果弱于高压法。

（2）高压修复：利用高压锅进行抗原热修复的方法。将脱蜡至水的切片置于抗原修复液中并放入高压锅内，高压 10～15 min 后取出降温至室温再取出切片。该方法可以较好地暴露抗原决定簇，易脱片。

（3）微波修复：将盛有抗原修复液的容器置于微波炉中进行加热的抗原修复方法。将脱蜡至水的切片置于盛有抗原修复液的容器中，在微波炉内加热至沸腾，在持续沸腾的状态下加热 10 min，再将容器移出降至室温。

常用的抗原修复液有 pH 6.0 枸橼酸抗原修复液、pH 8.0 EDTA 抗原修复液、pH 9.0 Tris-EDTA 抗原修复液。根据不同类型的抗原决定簇在不同 pH 的抗原修复液中修复的效果不同，选择不同的抗原修复液进行抗原修复。一般推荐采用高压修复方法时首选 pH 6.0 枸橼酸抗原修复液，如修复效果不理想再选用 pH 9.0 Tris-EDTA 抗原修复液。采用水浴修复方法时则首选 pH 9.0 Tris-EDTA 抗原修复液，如果修复的效果不理想或染色背景偏高时再选用 pH 6.0 枸橼酸抗原修复液进行。

2. 酶消化修复法

通过采用不同种类、不同浓度的蛋白酶处理组织切片，使组织的抗体结合位点暴露的方法。胰蛋白酶，浓度在 $0.05\%\sim0.1\%$，在 100 mL pH 7.8 的无水氯化钙溶液中加入 0.1 g 胰蛋白酶，37 ℃作用时间为 $20\sim30$ min；胃蛋白酶，浓度为 0.4%，100 mL 0.1 mol/L 盐酸中加入 0.4 g 胃蛋白酶，作用时间为 $10\sim30$ min。

（五）灭活内源性过氧化物酶

免疫组化反应结果常被内源性过氧化物酶和生物素干扰，必须对其进行灭活。用 3%过氧化氢进行内源性过氧化物酶的灭活，一般作用 $10\sim30$ min，时间过长容易脱片，且现用现配；甲醇配制过氧化氢比双蒸水或 PBS 可更好保护抗原，并起到固定组织的作用。

（六）血清封闭

组织内剩余的位点与第一抗体（简称一抗）非特异性结合，造成后续结果的假阳性；封闭血清最好和第二抗体（简称二抗）同一来源，血清中动物自身的抗体，预先能和组织中有交叉反应的位点发生结合，常用小牛血清、牛血清白蛋白（BSA）、羊血清，注意不能与一抗血清来源相同。

（七）抗体

抗体的类型主要包括单克隆抗体、混合型单克隆抗体和多克隆抗体。单克隆抗体具有较高的抗原识别特异性，非特异性染色背景信号较低，但是识别抗原决定簇的特异性极强，染色信号强度较低；混合型单克隆抗体是识别同一蛋白不同抗原决定簇的单抗混合物，特异性强和非特异性背景信号低，染色信号强；多克隆抗体具有均衡的信号特异性，染色信号强度较高，非特异性背景信号较高。一步法（直接法）染色只需要一种抗体，抗体直接标记酶；两步或三步法（间接法），第一抗体不标记，第二抗体标记酶或亲和素（生物素标记酶）。

（八）冲洗

在染色过程中要注意冲洗，一般每次冲洗需 $3\sim5$ min。常用 pH $7.4\sim7.6$、浓度 0.01 mol/L 的 PBS 做冲洗液。

（九）底物显色

底物显色决定组织切片背景的深浅和特异性染色的深浅。根据显微镜下显色效果控制时间，呈现特异性染色即终止。辣根过氧化物酶（horseradish peroxidase，HRP）是常用的标记酶，其底物是二氨基联苯胺（diaminobenzidine，DAB），显色较短时间呈现较深的棕褐色，提示抗体浓度过高或抗体孵育时间过长；较短时间就出现背景很深，提示封闭非特异性蛋白不彻底，可以延长封闭时间；DAB 显色时间较长才可见阳性信号，提示抗体浓度较低、封闭时间过长或孵育时间较短，可以将一抗 4 ℃孵育过夜。

（十）复染

复染的目的是通过显示细胞某些结构使阳性信号突出，从而更好地进行观察和定位。常用染料苏木素复染细胞核，如果阳性信号定位在细胞核，一般不做复染。

(十一) 免疫酶标染色步骤

1. 免疫组织化学染色两步法步骤

见表 28-3。

表 28-3　免疫组织化学染色步骤（两步法）

步骤	操作	时间	备注
1	切片脱蜡至水		
2	PBS 冲洗	3 min	重复 3 次
3	抗原修复	20 min	
4	PBS 冲洗	3 min	重复 3 次
5	抑制内源性过氧化物酶（3%过氧化氢）	10～30 min	
6	PBS 冲洗	3 min	重复 3 次
7	封闭内源性生物素（山羊血清或 BSA）	30 min	可以略过此步
8	滴加第一抗体	4 ℃过夜或 37 ℃ 1～2 h	弃封闭液勿洗
9	PBS 冲洗	5 min	重复 3 次
10	滴加酶标记的第二抗体（HRP 标记）	30～60 min	
11	PBS 冲洗	5 min	重复 3 次
12	DAB 显色	2～10 min	注意避光观察，呈现颜色，立即终止
13	水洗终止显色	1 min	
14	苏木素复染（选做）	1～4 min	
15	水洗	15 s	
16	分化	15 s	
17	水洗	15 s	
18	返蓝	20 s(自来水)或 15 s(0.25%氨水)	
19	无水乙醇Ⅰ	5 min	
20	无水乙醇Ⅱ	5 min	
21	透明剂Ⅰ	5 min	
22	透明剂Ⅱ	5 min	
23	透明剂Ⅲ	5 min	
24	封固		中性树胶

染色结果：阳性部位显示棕褐色，细胞核蓝色，其他不显色。

2. 免疫组织化学染色三步法步骤

见表 28-4。

表 28-4　免疫组织化学染色步骤（三步法）

步骤	操作	时间	备注
1	切片脱蜡至水		

（续）

步骤	操作	时间	备注
2	PBS 冲洗	3 min	重复 3 次
3	抗原修复	20 min	
4	PBS 冲洗	3 min	重复 3 次
5	抑制内源性过氧化物酶（3％过氧化氢）	10～30 min	
6	PBS 冲洗	3 min	重复 3 次
7	封闭内源性生物素（山羊血清或 BSA）	30 min	
8	滴加第一抗体	4 ℃过夜或 37 ℃ 1～2 h	弃封闭液勿洗
9	PBS 冲洗	5 min	重复 3 次
10	滴加亲和素标记的第二抗体	10～30 min	
11	PBS 冲洗	5 min	重复 3 次
12	滴加生物素标记物（HRP 标记）	10～15 min	
13	PBS 冲洗	5 min	重复 3 次
14	DAB 显色	2～10 min	注意避光观察,呈现颜色,立即终止
15	水洗终止显色	1 min	
16	苏木素复染（选做）	1～4 min	
17	水洗	15 s	
18	分化	15 s	
19	水洗	15 s	
20	返蓝	20 s(自来水)或 15 s(0.25％氨水)	
21	无水乙醇Ⅰ	5 min	
22	无水乙醇Ⅱ	5 min	
23	透明剂Ⅰ	5 min	
24	透明剂Ⅱ	5 min	
25	透明剂Ⅲ	5 min	
26	封固		中性树胶

染色结果：阳性部位显示棕褐色，细胞核蓝色，其他不显色。

（丁玉林）

参 考 文 献

蔡永，阿依木古丽·阿不都热依木，2018. 现代组织学技术［M］. 北京：科学出版社.

刘介眉，严庆汉，路英杰，1983. 病理组织染色的理论方法和应用［M］. 北京：人民卫生出版社.

麦兆煌，1963. 病理学组织标本制作技术［M］. 北京：人民卫生出版社.

孟运莲，2004. 现代组织学与细胞学技术［M］. 武汉：武汉大学出版社.

倪灿荣，马大烈，戴益民，2006. 免疫组织化学实验技术及应用［M］. 北京：化学工业出版社.

邱署东，宋天保，2008. 组织化学和免疫组织化学［M］. 北京：科学出版社.

汪克建，2013. 医学电镜技术及应用［M］. 北京：科学出版社.

王凤龙，2006. 动物病理及检验技术［M］. 呼和浩特：内蒙古大学出版社.

谢克勤，2014. 酶组织化学与免疫组织化学原理和技术［M］. 济南：山东大学出版社.

徐柏森，杨静，2008. 实验电镜技术［M］. 南京：东南大学出版社.

张荣臻，1991. 家畜病理学［M］. 2 版. 北京：农业出版社.

图书在版编目（CIP）数据

兽医病理学实验指导／王凤龙主编．—北京：中
国农业出版社，2022.7
　全国高等农林院校"十三五"规划教材
　ISBN 978-7-109-29416-5

　Ⅰ.①兽…　Ⅱ.①王…　Ⅲ.①兽医学－病理学－实验
－高等学校－教材　Ⅳ.①S852.3-33

中国版本图书馆 CIP 数据核字（2022）第 081998 号

中国农业出版社出版
地址：北京市朝阳区麦子店街 18 号楼
邮编：100125
责任编辑：王晓荣
版式设计：杜　然　责任校对：周丽芳
印刷：三河市国英印务有限公司
版次：2022 年 7 月第 1 版
印次：2022 年 7 月河北第 1 次印刷
发行：新华书店北京发行所
开本：787mm×1092mm　1/16
印张：12.5
字数：305 千字
定价：37.50 元